청소년을 위한 **한국수학사**

한국 수학사

김용운·이소라 지음

살림Math

　지금 여러분이 배우는 수학은 주로 근대 이후 우리나라에 도입된 서양 수학입니다. 수학이라는 말만 들어도 서먹서먹하고 어쩐지 별세계의 것으로 여겨지는 이유는 그 때문이기도 합니다.

　우리나라에도 신라 시대 이후 조선 왕조 말기까지 훌륭한 수학이 있었습니다. 수학을 연구하는 사람들이 많았고, 조선 시대에는 할아버지, 아버지, 아들이 수학자가 되어 8대에 이르는 집안도 있었습니다.

　수학이 없었다면 신라, 고려, 조선이라는 나라가 세워지지도 못했을 것입니다. 나라를 다스리려면 세금을 거두고, 성을 짓거나 군대를 동원하는 등에 여러 가지 수학지식이 필요하니까요. 오늘날 대부분의 과학적 성과는 서양의 것에서 나왔지만, 이전에 우리나라에서 만들어진 과학적 산물은 모두 한국의 수학을 바탕으로 만들어진 것입니다.

　한국 수학은 동양 수학의 중심이기도 했습니다. 중국과 일본 수학자들은 "조선 산학이 없었다면 중국 수학의 부활도, 일본 수학의 창조도 없었다."라고 말합니다. 중국의 수학 전통을 잘 지켜낸 것도 한국이고 일본으로 수학책을 전해 준 것도 한국이기 때문입니다. 이처럼 동양 수학의 정통성을 지켜온 한국 수학은 진정 세계에 자랑할 만합니다. 하지만 안타깝게도 정작 "우리에게 언제 수학이 있었는가?"라고 말하는 사람도 있습니다.

세종대왕이 위대했던 것은 그분 스스로도 당시 가장 어려웠다던 수학인 『산학계몽』을 배우고 그것을 바탕으로 조선 과학을 일으켰기 때문입니다. 여러분이 지금 주류를 이루고 있는 서양 수학의 사고틀에 우리 전통의 수학적 사고를 가미한다면 현대 과학을 보다 알차게 만들 수 있을 것입니다. 수입된 한문이 아니라 우리 조상이 직접 만든 한글로 된 시와 글이 우리의 마음을 더욱 감동시키듯이, 우리 수학을 더듬어 보면 수학이 더욱 친근해질 것입니다.

수학은 현대 과학기술 문명을 떠받치고 있는 큰 기둥의 하나입니다. 여러분이 우주로 나가는 꿈을 꾸고 새로운 에너지를 개발하는 등의 일을 할 수 있는 것은 바로 수학의 역사가 있었기 때문에 가능한 일이지요. 과학자들은 수학적 사고와 기호들을 이용해서 새로운 발명을 이루어내니까요. 우리의 전통 수학도 고대부터 조선 시대에 이르기까지 우리의 역사와 문명을 발전시키는 데 크게 이바지해 왔고, 여러분은 분명 우리의 이 전통 수학에 대해 자부심을 가지게 될 것입니다.

우리나라 전통 수학을 청소년들에게 알려주고 싶은 그 간절한 마음을 이 책에 담았습니다. 아울러 이 책은 김용운·김용국 선생님의 『한국 수학사』를 바탕으로 해서 청소년들이 편하게 읽을 수 있도록 만들어졌음을 밝힙니다.

2009년 4월

김용운·이소라

차 례

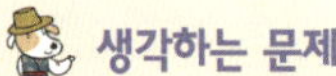 생각하는 문제

생각하는 문제

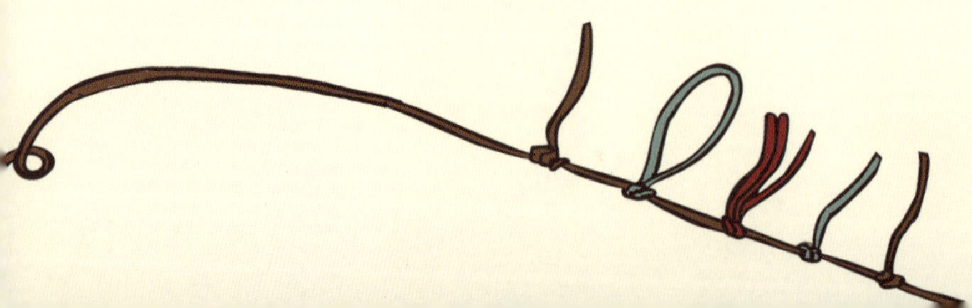

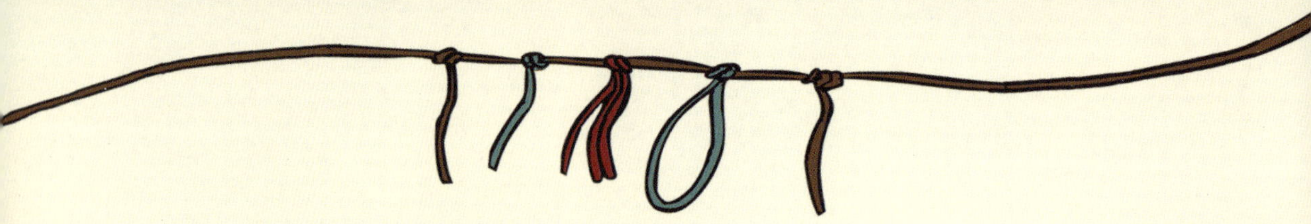

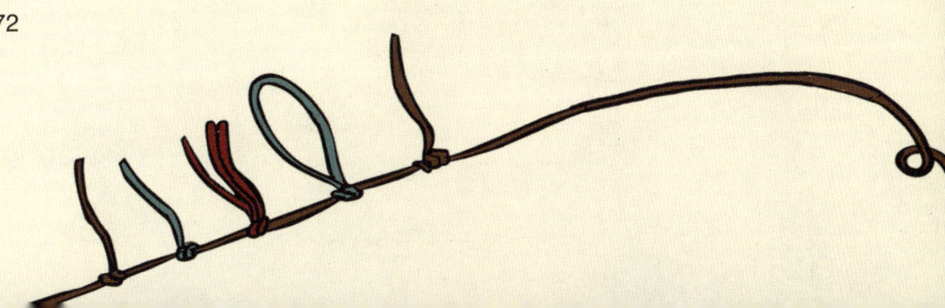

옛날에는 무엇으로 수를 기록하고 계산했을까?

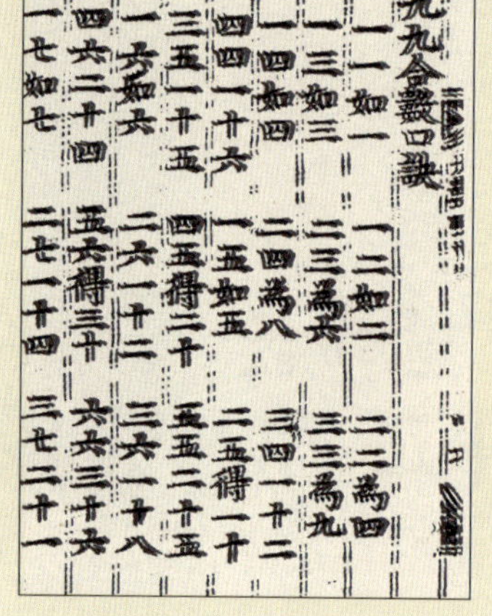

곱셈구구를 한자로 표기한
최석정의 『구수략』

아라비아 숫자가 들어오기 전까지 우리 나라에서는 수를 어떻게 기록했을까요?

아주 옛날에는 칼자국이나 끈 등을 사용했습니다. 그후 중국에서 한자가 들어오면서부터는 한자 숫자를 사용하게 되었습니다.

다음의 덧셈과 곱셈을 한자 숫자 그대로 계산해 보세요.

* 加(가)는 더하기
* 乘(승)은 곱하기

아라비아 숫자로 계산하기는 쉽지만, 한자 숫자로 계산하기는 무척 번거롭습니다. 왜냐하면 한자 숫자로 수를 나타낼 때는 百(백), 十(십)과 같은 자릿값이 같이 적혀 있기 때문입니다.

그래서 아라비아 숫자로 계산할 때는 계산기가 따로 필요 없지만, 한자 숫자로는 그냥 계산하기가 어렵습니다.

그럼 수를 한자 숫자로 기록했던 옛날 사람들은 계산을 어떻게 했을까요?

　오늘날의 계산기와 같은 '산대'를 이용해서 계산했는데, 한자 算(산)에 그 흔적이 남아있습니다.

　算(산)이 의미하는 바를 나타내면, "계산판 위에서 대나무를 다룬다."는 뜻입니다. 수의 기록은 한자 숫자로 하고, 계산은 산대로 한 것입니다.

算	=	竹	+	目	+	弄
산		대나무		모눈(계산판)		다루다

　그럼 우리에게는 아라비아 숫자와 같은 것은 없었을까요?

　물론 있었습니다. 여기서는 우리 조상들의 계산 도구인 산대에 대해서 알아보고, 수를 기록하는 또 다른 방법과 계산법에 대해서도 알아봅시다.

▶ 계산판에 산대를 놓는 모습

우리 조상의 계산기 _산대

산대는 중국 주(周)나라 때 만들어진 것으로 보이는데, 우리나라에는 삼국시대 때 들어왔습니다.

중국에서는 주판이 사용되면서 산대가 점차 사라졌지만, 우리나라에서는 조선시대 말기까지 계속 사용되었습니다.

조선의 수학자 최석정(1646~1715)이 쓴 수학책 『구수략』에 다음과 같은 말이 적혀 있습니다.

고대에는 대나무로 산대를 만들었으며, 그 지름은 1푼, 길이를 6촌으로 정했다. …… 옛 제도는 이미 쓰이지 않고 지금은 산대의 단면이 원 모양이 아니고 세모꼴이다.

원래 단면은 원 모양이었는데 나중에 세모꼴로 바뀌었다는 말은 산대의 재료가 대나무에서 나무로 바뀌었기 때문입니다. 그래서 산대를 산목(算木)이라고도 합니다.

최석정은 이 글에서 고대의 산대 길이만 말하고 있고, 최석정이 살던 때의 산대 길이는 기록하지 않았습니다.

이보다 약 150년 후에 최한기(1803~1879)는 『습산진벌』에서 다음과 같이 적고 있습니다.

산대의 길이는 2촌 5푼으로 한다(약 7.7cm). 단면은 세모꼴 ······

하지만 산대의 길이가 모두 같지는 않았습니다. 현재 국립민속박물관에 있는 산대의 길이는 약 15cm이며, 3.5cm 정도의 짧은 산대도 있습니다.

◀ 산대 (한양대학교 박물관 소장)

형태도 세모꼴만 있었던 것은 아닙니다.

산대를 처음 사용한 사람은 관리들이나 귀족들이었으며, 상아나 금으로 장식을 한 산대도 있었다고 합니다.

남아 있는 수학책 중에서 산대로 수를 나타내는 방법을 소개한 가장 오래된 책은 중국의 『손자산경』(3세기경)으로 그 내용은 다음과 같습니다.

1	2	3	4	5	6	7	8	9
10	20	30	40	50	60	70	80	90
100	200	300	400	500	600	700	800	900
1,000	2,000	3,000	4,000	5,000	6,000	7,000	8,000	9,000

산대로 수를 나타낼 때는 일의 자리와 십의 자리 수를 혼동하지 않도록 세로, 가로로 구별하여 놓고, 그 윗자리도 계속 세로, 가로로 번갈아 가며 놓았습니다. 또 6부터 9까지는 산대를 놓는 방법을 달리해서 한눈에 알아볼 수 있게 했습니다.

산대로 셈할 때에는 0의 기호가 없어도 자리를 비워 두기만 하면 됩니다. 음수는 따로 산대 하나를 비스듬히 놓았습니다.

산대로 덧셈, 뺄셈, 곱셈, 나눗셈과 원주율의 값까지 계산할 수 있었을 뿐 아니라, 오늘날 중고등학교에서 배우는 방정식까지도 계산했습니다.

6,347   8,602   −6,347

산대 이야기

조선 숙종 때의 수학자 홍정하는 『구일집』이라는 수학책을 썼습니다.
이 책에는 홍정하가 중국 청나라 사신인 천문학자 하국주와 수학에 관해 나눈 이야기가 실려 있습니다. 그 끝 부분에 다음과 같은 글이 있습니다.

내(홍정하)가 산대로 계산해서 보여주니까 사력(하국주)은 중국에는 이런 것이 없으니 가지고 가서 모두에게 보이고 싶다고 했다. 산대를 주었더니 그 중 40개 정도를 받아갔다.

앞에서 설명했듯이 산대는 고대 중국에서 만들어졌지만, 주판이 발명되면서 실물은 사라지고 기록에만 남아 있었습니다. 그런데 조선의 홍정하가 산대를 이용하여 어려운 문제도 척척 푸는 것을 보고 하국주가 얻어간 것입니다. 당시 중국에서는 산대 대신 주판이나 주식숫자(뒤에 설명)를 이용하였습니다.

조선 시대에 나온 수학책을 살펴보면, 곱셈을 다양한 방법으로 계산하고 있습니다.

최석정의 『구수략』에는 36×24를 산대로 보여주고, 그 아래에 계산과정을 일일이 써 놓고 있습니다. 이것을 지금의 아라비아 숫자로 나타내면 다음과 같습니다.

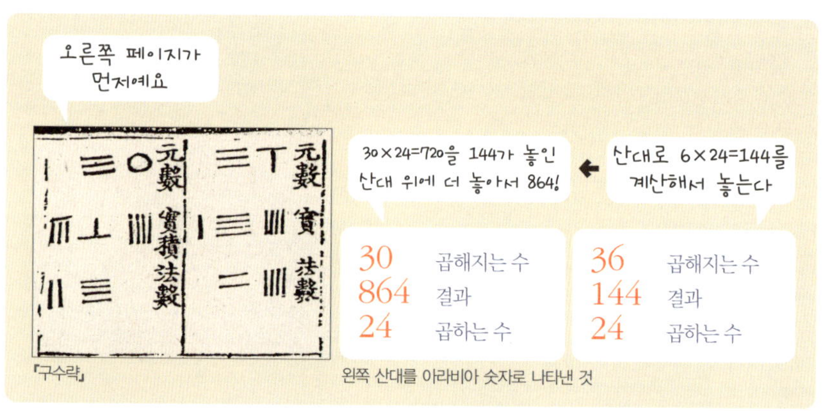

위의 계산 순서를 간단히 나타내면 [그림 1]과 같습니다. 중국 사람인 주세걸의 『산학계몽』(1299)에서도 이와 같은 순서로 산대에 의한 계산법

을 주식숫자(뒤에 설명)로 설명하고 있습니다.

홍대용(1731~1783)의 『주해수용』과 남병길의 『산학정의』에는 산대로 곱셈을 할 때, 높은 자릿수부터 계산합니다. 36×24를 계산한 순서를 아라비아 숫자로 간단히 나타내면 [그림 2]와 같습니다.

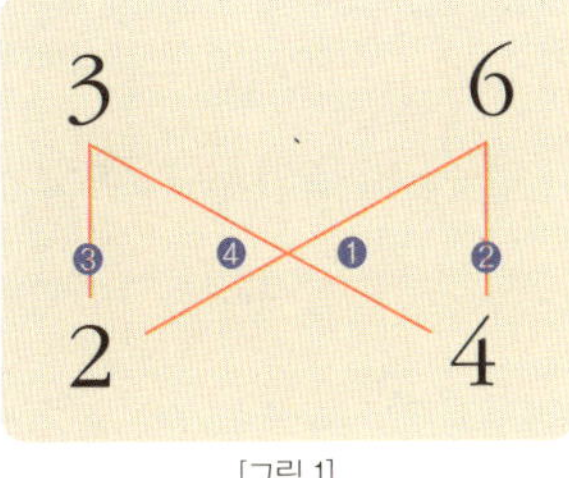

[그림 1]

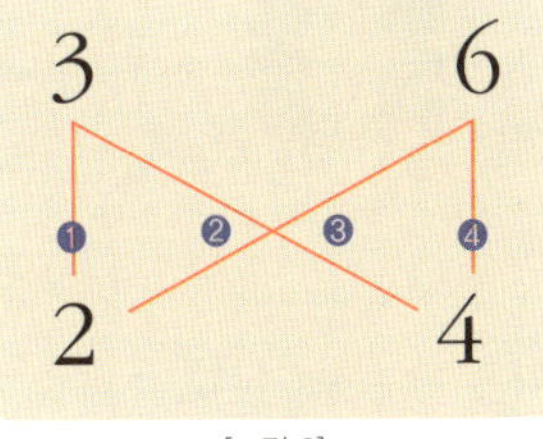

[그림 2]

최한기의 수학책 『습산진벌』(1850년)에는 지금과 같은 방식으로 470×46을 세로셈으로 계산하고 있습니다.

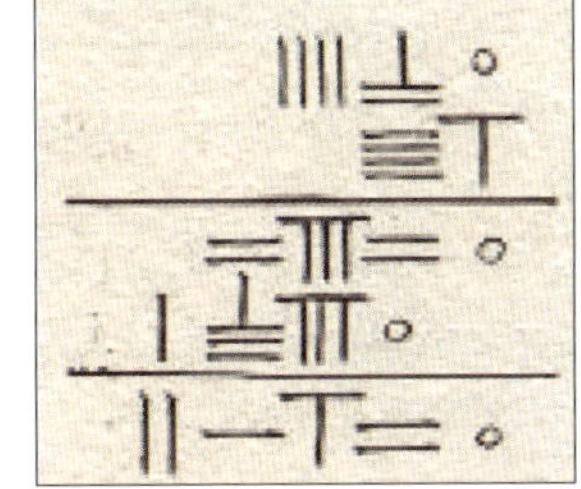

▶ 『습산진벌』의 세로셈

곱셈구구는 왜 큰 수부터 세는 걸까?

지금은 곱셈구구를 2단부터 외지만, 옛날 중국에서는 '9×9=81, 8×9=72, 7×9=63, ……' 처럼 9×9부터 말하였고, 이 때문에 구구단이라는 이름이 붙었습니다. 9가 좋은 수라고 생각했고, 큰 수부터 다루는 것을 좋게 본 것입니다.

그러다가 중국의 송나라와 원나라 시대 이후 1단부터 말하게 되었는데, 이때 나온 『양휘산법』(1275년)과 『산학계몽』(1299년), 『상명산법』(1373년)은 모두 곱셈구구를 1단부터 시작하고 있습니다.

그런데 오히려 조선 후기 수학자 경선징, 홍대용, 남병길의 수학책에서는 9단부터 다루고 있습니다. 이것은 옛 수학책을 따른 것입니다. 이는 전쟁 등으로 수학이 쇠퇴하고, 수학책조차 대부분 사라진 상황에서 예전의 산학을 부활시켜 옛 전통을 되찾겠다는 의도에 의한 것으로 생각됩니다.

한자 숫자 말고 다른 숫자도 있었다 _주식숫자

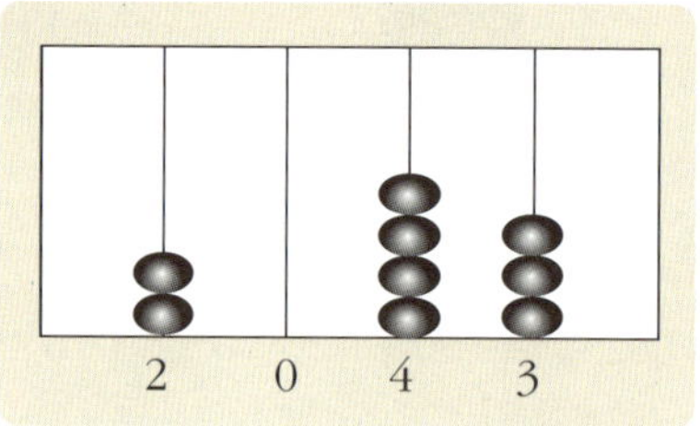

0은 인도에서 탄생하였습니다. 계산 도구로 구한 값을 기록할 방법을 연구한 결과였습니다. 가령 주판의 각 줄에 맞추어서 기호를 썼다면 왼쪽과 같이 빈자리를 0으로 나타낸 것입니다. 이 0 덕분에 산대나 주판을 사용하지 않고도 숫자만으로 계산이 가능해졌습니다.

그럼 우리나라와 중국에는 0과 같은 기호가 없었을까요?

고려시대 당시 중국은 송나라 말기, 원나라 초기쯤 됩니다. 이때 '주식(籌式)숫자' 가 만들어졌습니다. 이 숫자는 한자 숫자와는 다르게 계산이 가능한데, 빈자리를 나타내는 ○가 사용되었기 때문입니다. 주식숫자란 산대의 수 표시를 그대로 옮겨 적은 것입니다.

주식숫자는 실제로 산대를 놓은 모양과 조금 다른 점이 있는데 다음과 같습니다.

❶ 주식숫자에서는 각 숫자 사이에 간격을 두지 않는다.

❷ 빈자리는 ○로 나타낸다.

❸ 음수는 마지막 자리의 숫자에 빗금을 그어 나타낸다.

중국의 수학책 『산학계몽』과 조선 후기의 수학책 『구일집』, 『산학정의』, 『동산』 등에는 주식숫자로 하는 계산 과정이 나와 있습니다.

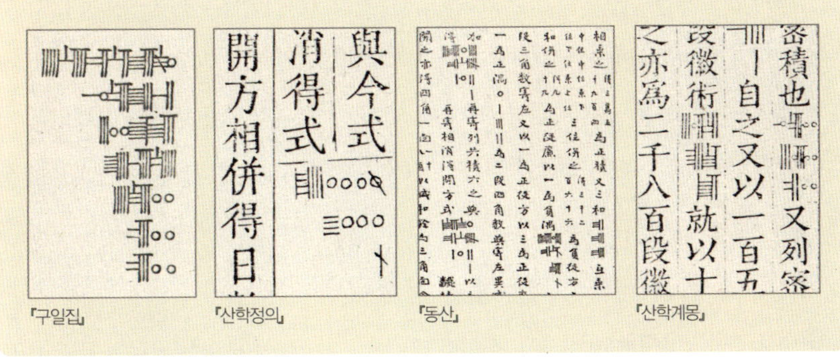

『구일집』   『산학정의』   『동산』   『산학계몽』

우리나라에서 주식숫자는 계산할 때 보다는 계산 과정을 기록할 때 사용했고, 계산은 따로 산대로 했습니다. 필요한 계산을 산대로 잘 할 수 있었고, 또 종이도 귀했기 때문입니다.

아라비아 숫자 0과 주식숫자 ○

아라비아숫자로 계산하기 편리한 이유는 바로 0 때문입니다.
0을 이용해서 빈자리를 나타내기 때문에, 자릿값을 따로 쓰지 않아도 됩니다. 주식숫자도 마찬가지입니다. 선으로 수를 일일이 나타내기가 복잡할 뿐이죠.

235
508

곱셈 계산 막대 _주산

아랍에는 격자산이라는 곱셈 계산법이 있었습니다. 영국의 수학자 존 네이피어(John Napier, 1550~1617)는 이 계산법을 바탕으로 네이피어 로드(Napier rod)라는 곱셈 계산 막대를 발명했습니다. 네이피어 로드가 중국에 전해지자 중국의 수학자들은 이것을 독특하게 고쳐서 1678년에 주산(籌算)을 만들었습니다.

주산으로 곱셈 계산을 하는 법을 정리한 책 『주산』이 조선에 들어왔고, 최석정이 『구수략』에 이것을 소개하였습니다. 조선에서는 일부 사람들만

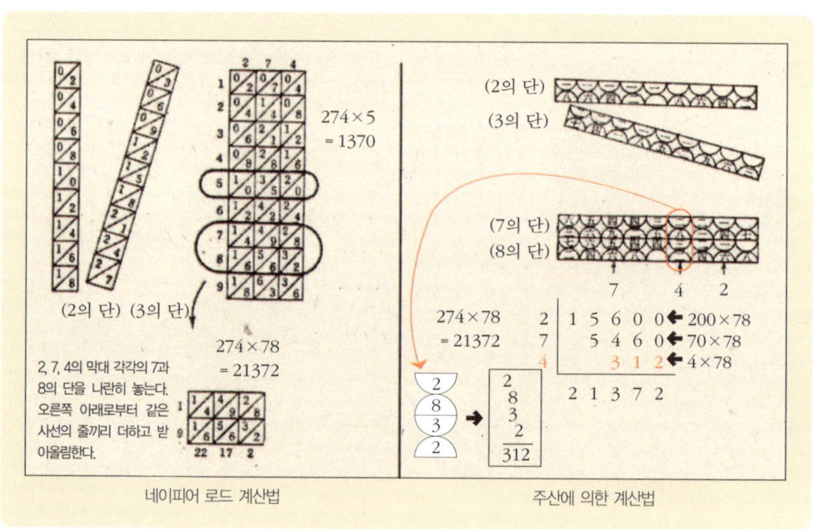

네이피어 로드 계산법　　　주산에 의한 계산법

네이피어 로드 계산법과 주산에 의한 계산법 비교

주산을 사용하였고, 대부분은 여전히 산대를 이용해서 곱셈을 했습니다.

아랍 격자산 → 영국 네이피어 로드 → 중국 주산 → 조선

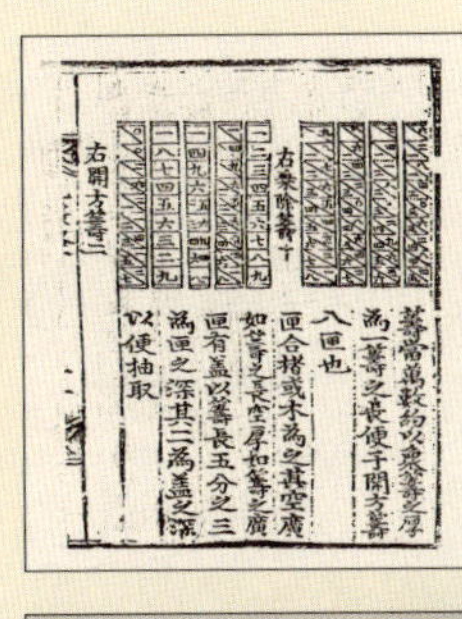
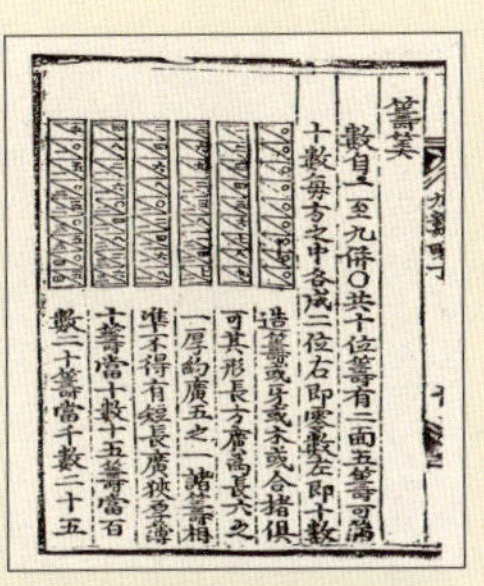

우리나라에서는 종이를 언제부터 만들었을까?

세계 최초로 종이를 만드는 법이 발명된 것은 105년 중국의 채륜에 의해서입니다. 중국의 종이 만드는 법이 우리나라에 언제 들어왔는지 확실하지 않습니다. 하지만 황해도 안악군에 있는 고구려 고분 벽화에 종이문서를 든 사람이 있는 것을 보면 그때 이미 종이가 사용되고 있었음을 알 수 있습니다.

또 고구려의 승려 담징이 610년에 일본에 종이 만드는 기술을 전했다는 기록도 있습니다. 고구려에서 만든 종이는 아주 훌륭했나 봅니다. 중국 최고의 서예가로 불리는 왕희지(307~365)가 남긴 글 『난정서』는 스스로도 다시 쓸 수 없다고 했을 만큼 훌륭한 글씨인데, 이 글은 고구려의 종이인 잠견지에 적혀 있습니다. 왕희지와 같은 대단한 사람이 고구려의 종이를 이용하고 있었던 것입니다.

또 통일신라의 경덕왕 10년(751)에 간행된 불경인 『무구정광대다라니경』은 현재 세계에서 가장 오래된 목판인쇄물입니다. 인쇄는 종이 없이는 불가능하지요! 이 다라니경은 한 장당 폭이 약 5.3cm인 종이 12장을 이어서 붙인 것으로 길이가 630cm인 한지에 찍혀 있습니다. 종이의 질이 얼마나 좋은지 약 1,300년이나 지났지만 잘 보존되어 있습니다.

주판은 언제부터 썼을까?

중국 원나라 말기의 『철경록』에 다음과 같은 글이 있습니다.

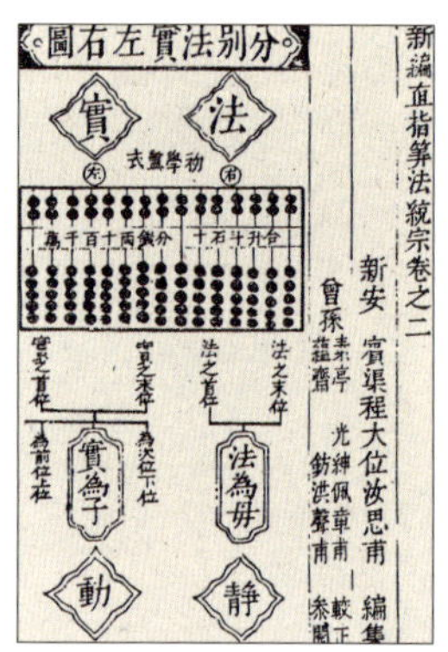

『산법통종』 ▶

'주판알이 되고 만다' 라고 한 것을 보면 그때 중국에 주판이 널리 쓰이고 있었다는 것을 알 수 있습니다.

그럼 한국에는 주판이 언제 들어왔을까요?

중국 명나라 말기의 수학책 『산법통종』(1593)에는 주판 계산법이 자세히 적혀 있습니다. 이 책은 중국에서 나오자마자 조선으로 수입되었고 많은 사람이 읽었습니다. 하지만 조선에서 주판을 널리 사용했다는 기록이나 증거는 없습니다.

조선시대 양반 학자인 최석정은 『구수략』에 다음과 같이 적고 있습니다.

당시 조선에서는 중국 학자 하국주가 깜짝 놀랄 만큼 산대 계산법이
발달해 있었습니다. 웬만한 계산은 산대로 해낼 수 있었던 것입니다. 게
다가 양반 계층의 수학자들이나 가난한 백성들에게는 '빨리, 여러 가지'
로 계산할 일이 없었던 것도 주판이 잘 사용되지 않은 이유로 생각할 수
있습니다. 아마도 일부 상인들만 편리한 주판을 사용했을 것입니다.

조선에서 쓰이던 주판은 임진왜란(1592~1598) 당시 일본으로 건너갔
고, 10년도 안 되어 서민의 기본 교육과목 중 하나가 됩니다.
일본은 임진왜란 이후 상업이 빠르게 발달했기 때문에 빠르고 정확한
계산이 필요했던 것입니다.

여러 나라의 옛날 주판

고대 로마에는 '칼쿨리', 중국에서는 '수안판', 일본은 '소로반', 러시아에서는 '슈체트'라고 하는 주판이 있었습
니다. 나라별로 주판의 모양은 조금씩 다릅니다. 지금 우리가 사용하는 아래에 구슬 4개, 위에 구슬 1개가 있는
주판은 일본에서 개발한 것인데, 사용하기 편리해서 2차 세계대전 이후에 세계적으로 쓰이게 됩니다.

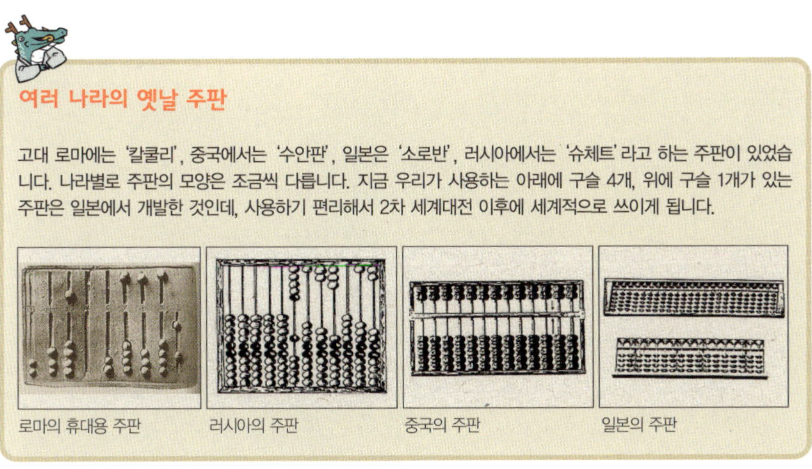

| 로마의 휴대용 주판 | 러시아의 주판 | 중국의 주판 | 일본의 주판 |

중국 주판은 왜 위쪽 알이 두 개일까?

다음 그림에서 보는 전통적인 중국 주판의 경우, 5가 되면 아래쪽 알 다섯 개를 다 올린 후에 다시 내리고 위쪽 알 한 개를 내려야하고, 10이 될 때는 위쪽 알 두 개를 다 내린 후에 다시 올리고 왼쪽 줄의 아래쪽 알 한 개를 올려야 해서 번거롭습니다.

그런데 왜 중국에서는 그토록 오랫동안 주판을 이용했으면서도 일본처럼 아래 네 개, 위에 한 개짜리의 편리한 주판을 개발하지 않았을까요?

여기에는 이유가 있습니다. 중국의 옛 측정 단위 중에는 16을 기준으로 단위가 달라지는 것이 있습니다. 무게에서 16냥=1근이 되는 것처럼요. 그러니까 10을 1로 나타내면서 동시에 16을 1로 나타내는 데는 중국의 주판이 편리합니다.

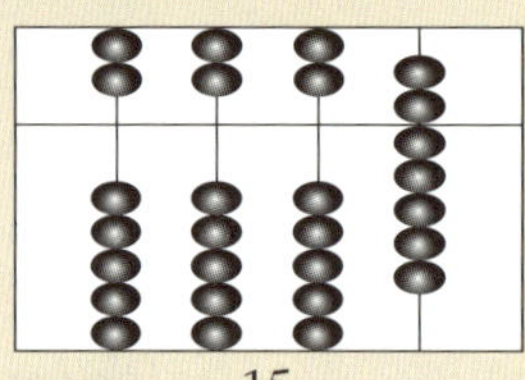

15

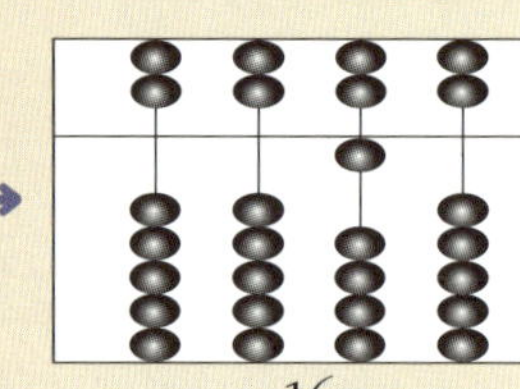

16

즉 중국의 주판은 10진법과 16진법의 수를 동시에 나타낼 수 있는 주판이었던 것입니다.

세계적인 자랑거리 _사개치부법

　　개성상인은 고려시대와 조선시대에 개성을 중심으로 활동한 상인입니다. 그들은 국내뿐 아니라 중국, 일본과의 무역을 통해서 돈을 많이 벌어들였으며, 일반 사람들에게 돈을 빌려주고 이자를 받는 일도 했습니다. 이렇게 수입과 지출이 끊임없이 생겼기 때문에 복잡한 수를 빠짐없이 잘 기록하는 일이 계산하는 일보다도 중요했습니다.

　　그래서 개성상인들은 '사개치부법' 이라는 놀라운 발명품을 만들었습니다.

　　사개치부법에서 말하는 사개란 '주는 사람, 받는 사람, 주는 물건, 받는 물건' 의 네 가지를 말합니다. 이 네 가지의 들어오고 나가는 것을 합리적으로 장부에 기록하는 법을 사개치부법이라고 하는네, 요즘말로 표현하면 복식부기입니다.

　　고려 말기인 1294년쯤 사개치부법이 만들어졌다고 하는데, 이 말이 옳다면 서양 복식부기의 원조인 이탈리아 상인 파치올리가 만든 것보다 약 200년이나 먼저 발명된 것입니다.

　　상업 활동이 활발해지고 이익과 손해를 철저히 따지게 되면서 합리적인 사고가 사회에 자리 잡게 되는데, 이 시기와 복식부기의 발명 시기는 거의 일치한다고 합니다. 그러니까 복식부기가 발명되었다는 것은 그 사

회가 주먹구구식의 사고에서 벗어나 합리적인 사고를 할 수 있게 되었다는 증거입니다. 이런 합리적인 사고는 수학이 학문적으로 독립할 수 있게 되는 발판이 됩니다. 이 때문에 수학의 역사에서는 복식부기의 발명을 매우 중요하게 생각합니다.

그런데 왜 최초의 복식부기를 발명했던 고려에서는 수학이 발달하지 않았을까요?

고려에서 사개치부법을 발명해야 할 만큼 큰 규모로 상업활동을 했던 상인들의 수는 아주 적었습니다. 대부분의 상인들은 상업활동이라고 할 수 없을 만큼 미미한 수준이었습니다.

현병주* 씨는 개성상인들이 단가를 표시할 때 '호산'이라고 하는 아래와 같은 숫자를 썼다고 적고 있습니다.

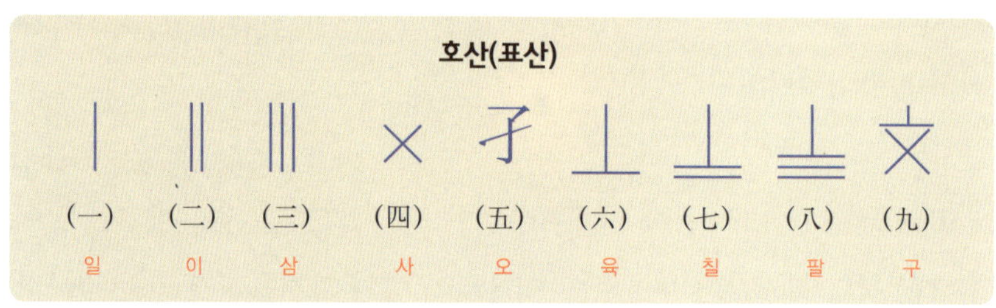

호산(표산)

(一)	(二)	(三)	(四)	(五)	(六)	(七)	(八)	(九)
일	이	삼	사	오	육	칠	팔	구

옛날 서민들은 어떻게 수를 나타내고 계산했을까?

우리나라는 중국의 한자 숫자를 사용하고 있었습니다. 하지만 대부분의 서민들은 이런 숫자를 익히지 못했습니다. 그래서 조선시대가 끝날 때까지도 간단한 도구를 사용하여 수를 나타내었는데, 결승(結繩), 탤리, 죽산(竹算) 등이 그것입니다.

이런 도구들은 우리나라뿐 아니라 세계 공통으로 나타나는데, 계산을 위한 것이 아니라 기록을 위한 것입니다. 이 외에도 여러 가지 방법이 있었겠지만, 안타깝게도 대부분 기록이 완전히 사라져 버렸습니다.

죽산

약 100년 전까지 우리나라에서는 죽산이라는 표기법이 쓰였습니다. 죽산은 쌀이나 조, 콩 등의 곡물의 양을 표시하는 방법입니다.

연필 정도의 굵기에 길이 약 10cm인 대나무 조각을 이용해서, 빌리거나 빌려 준 곡식의 양만큼 판 위에 놓습니다. 대못을 이용해서 들이의 단위인 말과 되의 자리를 구분해 둡니다.

◀ 죽산의 사용 예(일곱 말 네 되)

결승

결승법은 줄에 작은 가지 또는 헝겊을 끼우거나 매듭을 짓는 등의 방법으로 수를 표시하는 것으로, 지역에 따라 차이가 있습니다.

1섬 2말　　2섬 6말　　5섬 3말

오른쪽 그림은 전라남도 장성지방에서 지금부터 약 100년 전까지도 사용되었다는 결승법입니다.

나뭇가지는 1을, 짙은 색 헝겊은 5를 나타냅니다. 즉 짙은 색 헝겊과 나뭇가지를 하나씩 끼우면 5+1=6이 됩니다.

중간의 매듭은 단위를 나누는 역할을 합니다. 이렇게 쌀이나 콩 등의 양을 표시하였습니다.

잉카의 결승, 키푸

잉카문명은 남아메리카 페루 남부 고원지역에서 13세기에서 16세기 초까지 번영했습니다. 그들은 '키푸(quipu)*를 이용해서 수를 표시했는데, 길고 굵은 노끈에 가늘고 다양한 색의 노끈들을 연결하는 방법입니다. 끈의 색은 특정한 물건이나 개념에 따라 결정됩니다.

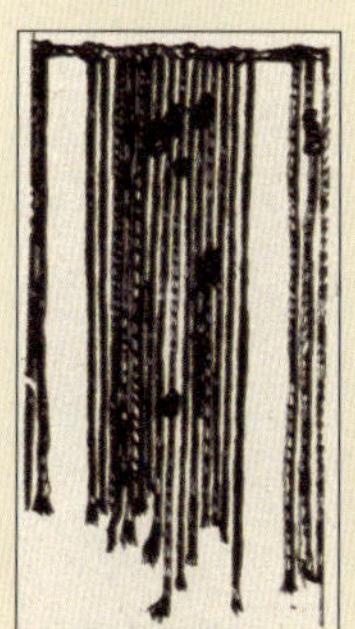
잉카의 결승 문자

결승 문자를 조작하는 잉카인

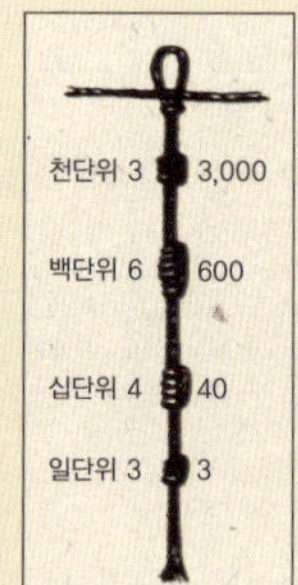

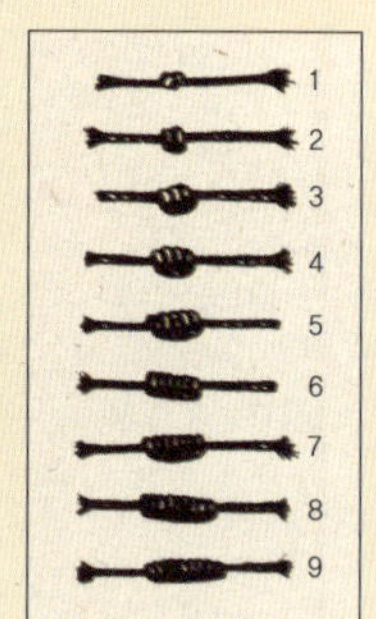

다음은 일본 오키나와 지방에서 쓰였던 결승법입니다.

(1) 수확한 곡물의 양을 나타낸 것입니다.

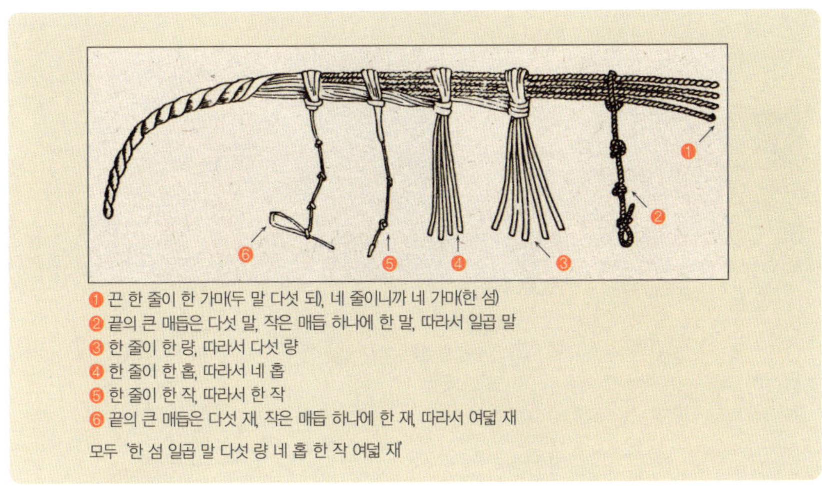

❶ 끈 한 줄이 한 가매(두 말 다섯 되), 네 줄이니까 네 가매(한 섬)
❷ 끝의 큰 매듭은 다섯 말, 작은 매듭 하나에 한 말, 따라서 일곱 말
❸ 한 줄이 한 량, 따라서 다섯 량
❹ 한 줄이 한 홉, 따라서 네 홉
❺ 한 줄이 한 작, 따라서 한 작
❻ 끝의 큰 매듭은 다섯 재, 작은 매듭 하나에 한 재, 따라서 여덟 재

모두 '한 섬 일곱 말 다섯 량 네 홉 한 작 여덟 재'

(2) 이 결승은 집회에 모인 사람 수를 조사하기 위한 것입니다.

먼저 가 집의 15세 이상의 남자의 수만큼 새끼줄을 늘어뜨리고, 결석한 사람 수만큼 새끼줄의 끝을 묶어두므로, 결승을 보고 어느 집에서 몇 명 참석했는지 금방 알 수 있습니다.

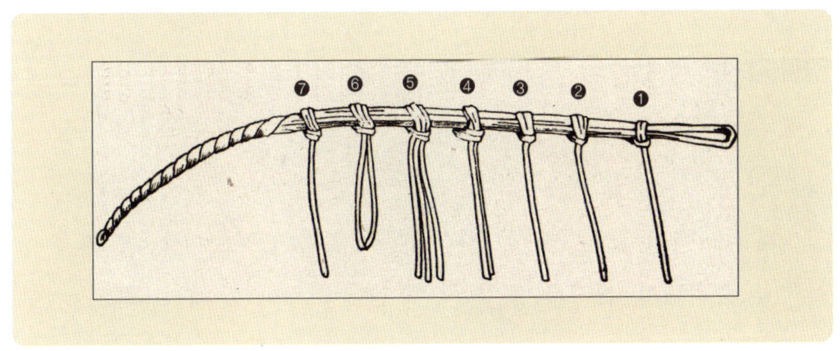

위의 결승은 ❶, ❷, ❸의 집에 사는 15세 이상의 남자 수는 각각 한 명 씩이고, ❹의 집에는 두 명, ❺의 집에는 세 명, ❻은 도로 표시이고, 도로를 건너서 ❼의 집에 한 명인데, 새끼줄 끝이 묶인 것이 없으므로 이 날 집회에 결석한 사람은 없다는 것을 알 수 있습니다.

고대 그리스 시대의 결승

고대 그리스와 로마에서도 결승으로 수를 나타낸 것을 볼 수 있습니다. 그리스의 역사가 헤로도투스가 쓴 책에는, 페르시아의 다리우스 1세(재위 B.C. 521~B.C. 486)가 싸움터에 나가기 전 그리스 동맹군에게 다음과 같은 부탁을 하고 있습니다.

다리우스 1세 우리가 싸움터에 나가면 뒤에 남아서 저 다리를 지켜주시오. 저 다리는 이번 전쟁에서 중요한 역할을 하는 다리입니다.

그리스 동맹군 알겠소. 그런데 우리가 언제까지 이 다리를 지키고 있어야 할지를 알려주시오.

다리우스 1세 여기 60개의 매듭을 지은 가죽띠를 가지고 매일 매듭을 풀도록 하시오. 마지막 매듭을 풀 때까지 내가 돌아오지 않으면 당신 나라로 돌아가도 좋소.

탤리(각기)

탤리는 금을 새겨서 수를 표시하는 방법으로, 고대 사회에서 가장 널리 쓰인 수 기록법입니다.

여러분도 잘 알고 있듯이 로빈슨 크루소가 무인도에서 지낸 날짜를 기억해 두기 위해서, 껍질을 벗긴 나무에 칼로 하루에 한 개씩 금을 그었던 것도 탤리입니다.

중국 송나라의 사신으로 고려를 방문했던 서긍이 쓴 『고려도경』(1123)을 보면, 서긍은 고려의 수도인 개성에 있는 화려한 궁궐과 누각, 사원, 그리고 여러 관청과 질서정연한 도시계획에 감탄하고 있습니다.

그런데 지방 관청의 회계 관리가 문자를 쓰지 않고 탤리로 수를 나타냈다는 글도 함께 적고 있습니다.

하지만 지방관청에서 탤리를 썼다고 해서 문명이 뒤진 것은 아닙니다. 탤리에 의한 수의 표시는 중세 유럽 사회에서도 널리 쓰였던 방법입니다.

▲ 구석기시대에 뼈에 새긴 탤리

영국의 탤리

1826년까지 영국 재무부에서 정식으로 사용한 탤리가 있습니다. 큰 새김 눈부터 작은 새김 눈까지 1,000파운드, 100파운드, 10파운드, 1파운드의 차례로 되어 있으며, 페니 단위까지 나타내고 있습니다. 이러한 탤리의 기록은 영국 재무부에 1834년까지 남겨져 있었습니다.

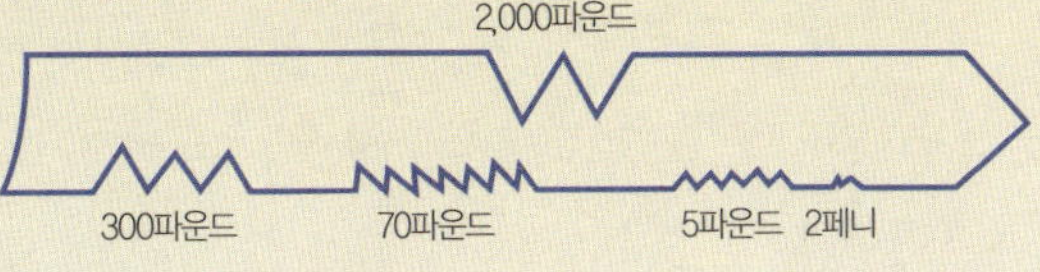

이 탤리는 2,375파운드 2페니를 나타내고 있습니다.

수학 공식의 노래 _가결

　　산사들이나 상인들이 모든 계산을 항상 산대로 한 것은 아닙니다. 가결(歌訣)은 간단한 공식에서부터 상당히 복잡한 계산 과정에까지 시의 형식으로 꾸며서 지금의 구구단이나 시처럼 암송하는 방법인데 널리 사용되었습니다. 그러니까 당시 고전을 외는 것처럼 암기 위주의 학습법을 수학에까지도 응용하여 사용하고 있는 것입니다.

　　이 방법은 옛날부터 수학책에 자주 소개되어 있는데, 몇 가지 예를 들어 보겠습니다. 여러분도 옛날 사람들처럼 외워 보세요.

　　『산학계몽』에 곱셈구구를 다음과 같이 적고 있습니다.

* 如(여) : 같다

一一如一,

一二如二, 二二如四,

一三如三, 二三如六, 三三如九,

一四如四, 二四如八, 三四如十二, 四四如十六,

一五如五, 二五如十, 三五如十五, 四五如二十, 五五如二十五

一六如六, 二六如十二, 三六如十八, 四六如二十四, 五六如三十,

六六如三十六

一七如七, 二七如十四, 三七如二十一, 四七如二十八, 五七如三十五, 六七如四十二, 七七如四十九

一八如八, 二八如十六, 三八如二十四, 四八如三十二, 五八如四十, 六八如四十八, 七八如五十六, 八八如六十四

一九如九, 二九如十八, 三九如二十一, 四九如三十六, 五九如四十五, 六九如五十四, 七九如六十三, 八九如七十二, 九九如八十一

우리가 구구단을 외듯, 위의 곱셈구구를 다음처럼 리듬감 있게 외웁니다.

일일여일, 일이여이, 이이여사, ……, 구구여팔십일

지금 우리는 '이일은 이, 이이는 사, 이삼은 육, ……, 구구팔십일'과 같이 외는데, 순서가 좀 다르지요.

『산학계몽』에서는 구구단의 뒤의 수를 고정시키고 앞의 수를 1부터 9까지 바꾸어가며 나타낸 것입니다. 곱셈구구뿐 아니라 나눗셈구구나, 무게의 단위인 근량 환산법도 같은 방법으로 나타내서 리듬감 있게 외웠습니다.

고려 말기의 『수시력첩법입성』은 한국인이 쓴 가장 오래된 책인데, 이 책에도 곱셈과 나눗셈의 가결을 볼 수 있습니다.

최석정의 『구수략』에는 심지어 덧셈과 뺄셈의 가결도 있습니다.

다음은 덧셈의 가결인데, 합이 2부터 9까지가 되는 덧셈구구를 리듬감 있게 외운 것입니다.

一爲主 加一得二 加二得三 …… 加八得九
二爲主 加一得三 加二得四 …… 加七得九
……
七爲主 加一得八 加二得九　八爲主 加一得九

일위주 가일득이 가이득삼 …… 가팔득구
이위주 가일득삼 가이득사 …… 가칠득구
……
칠위주 가일득팔 가이득구 팔위주 가일득구

번역하면 다음과 같은 것을 일일이 외었다는 말입니다.

1에 1을 더하면 2, 2를 더하면 3, ……, 8을 더하면 9

2에 1을 더하면 3, 2를 더하면 4, ……, 7을 더하면 9

……

7에 1을 더하면 8, 2를 더하면 9, 8에 1을 더하면 9

조선의 수학자 경선징(1616~?)의 『묵사집』을 보면 다음과 같은 문제가 있습니다.

3으로 나누면 1, 5로 나누면 2, 7로 나누면 3이 남는 수를 구하시오.

이 문제의 답을 구하는 방법을 동양의 수학책에서는 대연술(大衍術)*이라고 했는데, 다음과 같이 복잡합니다.

㉠	㉡	㉢	㉣	㉤	㉥	㉦	㉧	㉨
1	3		$\frac{105}{3}=35$	35÷3 나머지 2	$\frac{2x÷3}{2}$	35×2=70	1×70=70	
2	5	105	$\frac{105}{5}=21$	21÷5 나머지 1	$\frac{x÷5}{6}$	21×6=126	2×126=252	70+252+360=682
3	7		$\frac{105}{7}=15$	15÷7 나머지 1	$\frac{x÷7}{8}$	15×8=120	3×120=360	

㉠ 남는 수
㉡ 나누는 수
㉢ ㉡의 최소공배수
㉣ $\frac{㉢}{㉡}$

㉤ ㉣÷㉡의 나머지
㉥ ㉤x ÷㉡의 나머지가 1이 되는 x
㉦ ㉣×㉥
㉧ ㉠×㉦
㉨ ㉧을 모두 더한다

답이 682가 나오는데, 이 수는 정말 3으로 나누면 1, 5로 나누면 2, 7로 나누면 3이 나옵니다. 그런데 위의 문제는 그나마 간단한 경우이고, 복잡한 문제의 경우 ㉥의 과정이 좀 더 어렵습니다. 지금은 1차합동식*을 이용해서 풉니다.

위와 같이 대연술을 이용해서 푸는 과정에서 나오는 수인 3, 5, 7, 21, 35, 70, 105를 알려주는 다음과 같은 가결이 있습니다.

삼 인 동 행 칠 십 희　오 봉 루 전 이 십 일
三人同行七十稀　五鳳樓前二十一

칠 월 추 풍 삼 오 야　동 지 한 식 백 오 제
七月秋風三五夜　冬至寒食百五除

이 글을 번역하는 것은 별로 의미가 없으며, 다만 이 가결은 산학자들이 이미 암기하고 있는 중국의 수학책 『산법통종』에 나오는 문구를 약간씩 변형한 것으로 외우기 쉬웠을 것입니다.

이밖에도 기록으로 남아있지는 않지만, 입으로 전해지는 여러 가지의 가결이 있었을 것입니다.

중국, 일본, 한국 중에서 한국이 계산에 관계된 가결을 가장 많이 사용했습니다.

우리나라는 언제부터 계산 기호를 사용했을까?

우리나라에 +, −, ×, ÷, = 등의 기호는 조선 말기 외국인 선교사들이 사용하면서 퍼지기 시작했습니다. 그 이전에는 +, −, ×, ÷, =가 아니라 '加(가), 減(감), 乘(승), 除(제)'라는 한자로 나타냈습니다.

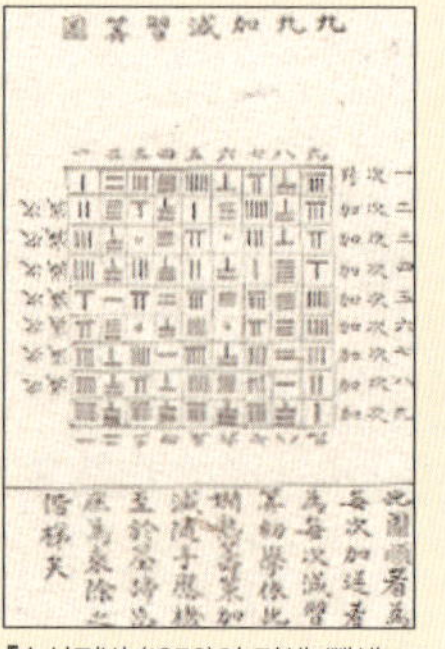

『습산진벌』(1850)의 덧셈, 뺄셈표

1 옛날에 동양에서는 계산을 산대로 했다는 증거를 한자 '算'에서도 찾아볼 수 있습니다. 설명해 보세요.

2 한자 숫자를 사용하면서 굳이 산대를 사용한 이유는 무엇이었나요?

3 복식부기가 왜 수학의 역사에서 중요할까요?

4 주식숫자로 나타낸 다음 두 수를 아라비아 숫자로 나타내세요.

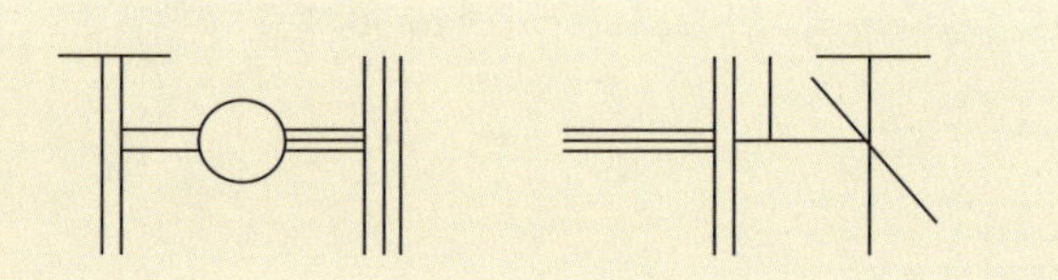

5 여러분도 여러분 나름대로의 숫자를 만들어보세요.

(예) 

6 여러분이 만든 숫자로 25를 나타내보세요.

(예) 

10000000000000
0 1 2 3 4
I II III IV V

02
수 세기의 역사를 알아보자

　오늘날 숫자는 전 세계적으로 아라비아 숫자로 통일해서 쓰고 있지만, 나라마다 수를 세는 말은 다릅니다. 가령 한국에서는 '하나, 둘, 셋, ……', 미국에서는 '원, 투, 쓰리, ……', 일본에서는 '히또쯔, 후따쯔, 미쯔, ……', 독일에서는 '아인쓰, 츠바이, 드라이, ……', 아랍에서는 '와하드, 이쓰네인, 딸라따, ……' 라고 합니다.

　글자가 없던 오랜 옛날에 중국에서 한자를 들여와서 사용했던 우리나라는, 수를 나타내는 또 다른 말이 있습니다. 한자와 함께 한자를 읽는 말까지 들어온 것이지요.

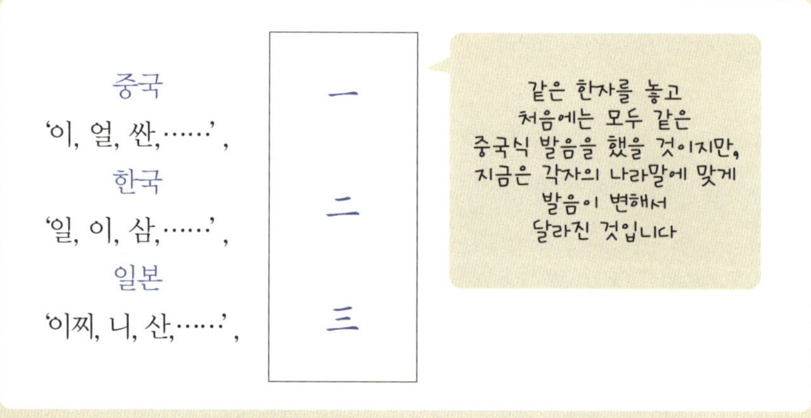

　그럼 '하나, 둘, 셋, ……'은 우리가 아주 옛날부터 사용해 왔던 말일까요?

　같은 나라에서 사용하는 말이라고 해도 시간이 많이 흐르면서 발음이 조금씩 바뀌어 가기도 하고 단어가 없어지거나 새로 만들어지기도 합니다.

　먼 옛날에는 한반도에 여러 나라가 있어서 서로 다른 말을 사용하다가, 나라가 통일되자 말이 통일되는 과정에서 발음의 변화가 심하게 있었을 것입니다. 다음과 같은 예가 있습니다.

우리 고유어가 사라지고 한자 말로 대체된 경우는

$$뫼 → 산$$

과 같은 예가 있고, 두 나라 말이 합성된 경우는

$$소(소금) + 금(간) → 소금$$
$$위두(한자말) + 머리(고유말) → 우두머리$$

의 예를 들 수 있습니다. 또한 말의 뜻이 바뀐 경우는

$$아우(어리다) → 아우(동생)$$

이 있고, 음이 바뀐 경우는

$$가히 → 가이 → 개(犬)$$

등이 있습니다. 수를 세는 말도 마찬가지입니다. 옛날에는 지금과 전혀 다르게 수를 세었을 것입니다.

옛날에는 수를 어떻게 세었는지 그 흔적을 찾아볼까요?

우리는 언제부터 수를 세었을까?

사람들이 언제부터 수 세는 말을 사용했고, 어떤 말을 사용했는지 정확히 알 수 있는 기록은 없습니다. 그러나 고구려 사람들이 수를 어떻게 세었는지 추측할 수 있는 기록은 남아 있습니다. 『삼국사기』＊에는 고구려의 지역 이름이 기록된 부분이 있는데, 그중에 수를 나타내는 말이 들어있습니다.

이때 지역 이름을 고구려 사람들의 발음 그대로 한자로 적은 것과, 그 뜻을 한자로 적은 것을 나란히 기록하고 있습니다.

우 차 운 홀	오 곡 군
于次云忽	五谷郡
난 은 별	칠 중 현
難隱別	七重縣
덕 돈 홀	십 곡 군
德頓忽	十谷郡

우리가 읽는 한자음이 당시 중국의 한자음과 다르지만, 지금 발음대로 생각하면, 고구려에서는 '다섯은 우차', '일곱은 난은', '열은 덕' 이라고

말했던 것입니다.

백제의 수 세는 말도 『삼국사기』를 통해 추측할 수 있습니다.

고이왕 27년(260)의 기록에 달솔(達率), 은솔(恩率), 덕솔(德率)이라는 관직 이름이 차례로 나오는데, 여기서 솔(率)은 '거느리다' 라는 뜻이 있습니다.

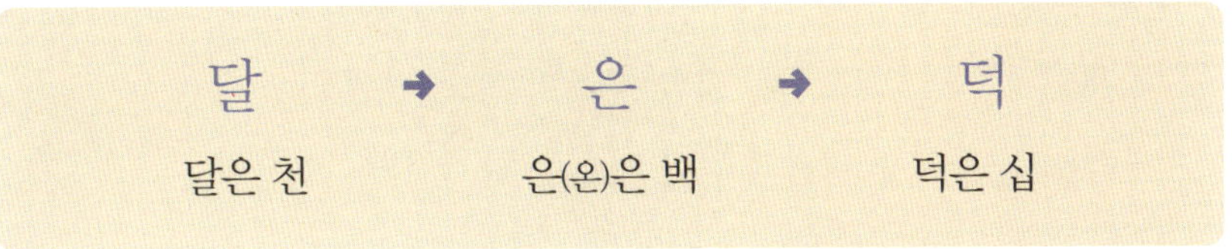

덕솔은 열 명, 은솔은 백 명을 거느리는 사람의 관직을 나타낸다고 생각하면, 달솔에서 달은 천을 나타내는 말이겠지요.

신라의 수 세는 말

신라는 삼국통일 이후 사람이나 지역의 이름 등을 당나라 식으로 바꾸었습니다. 당시에는 우리 글이 없었기 때문에 한자로 기록했습니다.

십제에서 백제로!

『삼국사기』에는 백제를 세운 온조왕이 처음에 10명의 슬기로운 부하의 도움을 받아 나라를 세웠다고 해서 나라 이름을 '십제' 라고 했다가, 나라가 발전되자 나라 이름을 '백제' 로 고쳤다고 기록되어 있습니다.
이것은 지금과 마찬가지로 '십씩 묶음수' 로 센 것을 보여 줍니다.
한자로 기록되었으므로, '십제', '백제' 로 나타낸 것이며, 실제로는 당시의 수 세는 말, 가령 '덕제', '은제' 처럼 말했을 겁니다.

고려시대의 수 세는 말은?

고려시대에 수를 세는 말은 『계림유사』＊에서 찾아볼 수 있습니다. 그 중 몇 개를 적으면 아래 표와 같습니다.

『계림유사』를 보면 다음과 같은 사실을 알 수 있습니다.

수	계림유사	현재 한자음
1	河屯	하둔
2	途孛	도패
3	酒斷 酒切	주단 주절
4	酒	내
5	打戌	타술
6	逸戌	일술
7	一急	일급
8	逸答	일답
9	鴉好	아호
10	噎	일
20	戌沒	술몰
30	實漢	실한
40	麻雨	마우
50	舜	순
60	逸舜	일순
70	一短	일단
80	逸頓	일돈
90	雅馴	아순
100	醞	온
1,000	千	천
10,000	萬	만

(1) 두 자릿 수를 어떻게 말했는지 알 수 있습니다.

<pre>
지금   계림유사
'예순 하나' ⇒ '일순과 나머지 하둔'
</pre>

(2) '백'을 '온'이라고 했습니다. '온'은 지금은 '여러 가지' 또는 '모든'의 의미로 남아 있지요.

<pre>
몸 전체는   여러 가지 생각은
   ↓   ↓
'온몸'   '온갖 생각'
</pre>

(3) '천', '만'은 중국 한자음 그대로 적고, 우리말은 적지 않은 것을 보면, 당시에 '천', '만'의 수 단위는 일상적으로는 사용되지 않은 큰 수였던 것 같습니다. 하지만 국어학자들은 큰 수에 관한 우리말을 찾아내었습니다. 천을 '즈믄', 만을 '두맨'이라고 했다는 말입니다.

천을 '즈믄'이라고 한 것은 신라 향가 중 '눈밝을 노래'에서 찾아볼 수 있습니다. 또 2000년에 태어난 아이들을 가리켜 새천년의 시작에 태어났다고 해서 '즈믄동이'라고 불렀지요. '만'을 '두맨'이라고 한 예로는, '지류가 만 개인 강'이라는 뜻을 가진 두만강을 들 수 있습니다.

돌맨

고대 한국어에는 몽고어와 공통되는 낱말이 많습니다. 몽골 칭기스칸*의 부대에서는 군인 만 명을 통솔하는 장군을 '돌맨'이라고 했습니다. '두맨'과 비슷하지요.

칭기스칸

눈 밝을 노래('도천수대비가')

신라 경덕왕 때의 일입니다. 희명이라는 여인의 아이가 다섯 살 때 갑자기 눈이 멀었습니다. 희명은 분황사 벽에 솔거가 그린 '천수천안관음보살상' 앞에서 아이와 함께 '눈 밝을 노래'를 부르면서 빌었고, 그때 눈을 뜨게 되었다고 합니다. 눈 밝을 노래는 천 개의 손과 천 개의 눈을 가진 천수대비에게 눈을 하나라도 달라고 비는 내용입니다.

* 칭기스칸(1162~1227) : 몽고의 한 추장의 아들로 태어나 몽고를 통일하고 몽고국을 세운 사람. 그가 정복한 땅의 넓이는 약 777만 제곱킬로미터이며, 이것은 대한민국 땅의 약 78배에 해당

세종대왕이 큰 수와 작은 수를 세었던 방법은?

우리나라의 역사에서 과학이 가장 크게 발전한 시기는 세종대왕 때입니다. 세종은 수학을 중요하게 생각했고, 스스로도 열심히 공부했습니다.

세종대왕은 큰 수와 소수를 세는 말을 얼마나 알고 있었을까요? 세종대왕이 읽었다는 『산학계몽』*(1299)에는 한자로 다음의 수 이름이 기록되어 있습니다.

큰 수	소수
억(億), 조(兆), 경(京), 해(垓), 자(仔), 양(穰), 구(溝), 간(澗), 정(正), 재(載), 극(極), 항하사(恒河沙), 아승기(阿僧祇), 나유타(那由他), 불가사의(不可思議), 무량대수(無量大數)	일, 분, 리, 호, 사, 홀, 미, 섬, 사, 진, 애, 묘, 막, 모호, 준순, 수유, 순식, 탄지, 찰나, 육덕, 허, 공, 청, 정

큰 수의 항하사부터 무량대수까지는 인도 불교에서 사용하는 수로, 인도 불교과 함께 중국을 거쳐 우리나라에까지 전해진 것입니다. 가령 항하사는 '인도의 갠지스 강의 모래 수만큼 큰 수'라는 뜻입니다. 순식간과 찰나 등도 불교어로, '아주 짧은 순간'을 말할 때 자주 쓰입니다.

『산학계몽』에서 사용하는 큰 수를 읽는 방법은 지금과 다른데, 가령

오늘날 : '1조' ⇒ 1 뒤에 0이 13개 붙은 수

『산학계몽』 : '1조' ⇒ 1 뒤에 0이 16개 붙은 수

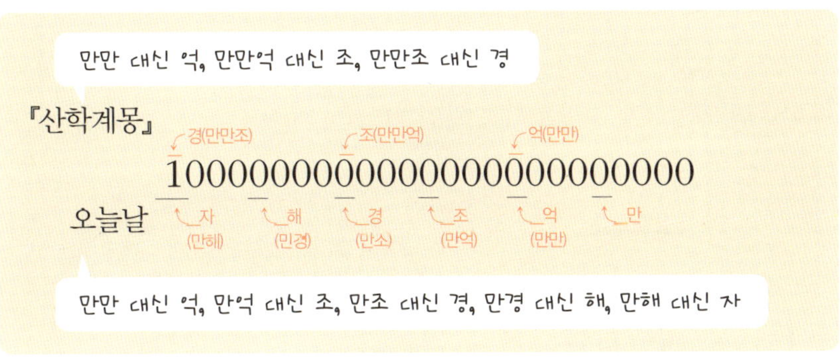

지금은 4자리(만)마다 새로운 이름으로 수를 읽는데,『산학계몽』에서는 8자리(만만)마다 새로운 이름으로 수를 읽기 때문에 수의 이름이 같아도 수의 크기는 다릅니다.

『산학계몽』에서는 소수의 이름도 여덟 자리씩 끊어서 읽습니다. 지금 우리는 할푼리만 시용하고 있지요.

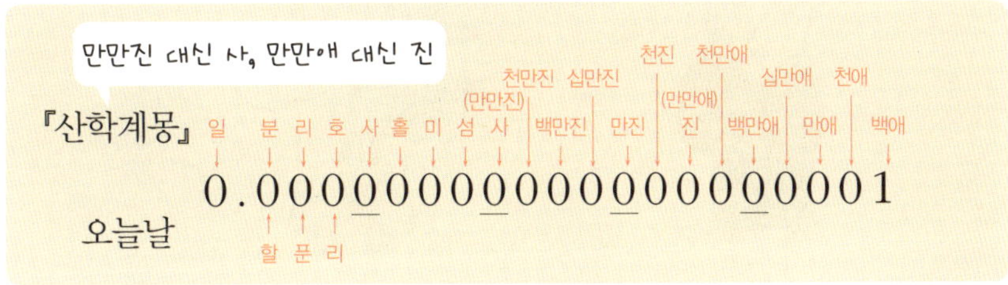

그렇다고 옛날에는 모두 『산학계몽』처럼 수를 읽었던 것은 아닙니다. 같은 수의 이름이라도 책마다 수의 크기를 다르게 나타내기도 했으며, 심지어 같은 책에서도 크기가 여러 가지로 나타나고 있습니다. 큰 수가 일상적으로 쓰이지 않았을 때에는 굳이 통일할 필요가 없었기 때문입니다.

남병길(1820~1869)의 수학책 『산학정의』(1867)에서는, '도량형'의 큰 수를 다음과 같이 적고 있습니다.

십만 또는 만만을 억이라고 한다.

같은 책 안에서도 같은 수 이름을 두 가지 크기로 나타낸 것입니다.
만약 오늘날 '억' 정도의 수 이름을 이렇게 여러 가지 크기의 수로 사용한다면 엄청나게 혼란스러울 것입니다.

셋 정도의 수도 큰 수로 여기던 때가 있었습니다. 한자에도 그 흔적이 남아 있습니다. 같은 한자 세 개를 써서 많다는 의미를 나타내는 글자를 만든 것입니다.

森(삼-세 그루 나무)

나무가 빽빽하다는 뜻

毳(취-세 가닥 털)

모직물의 뜻

驫(표-세 마리 말)

말 떼가 몰려 달아난다는 뜻

골백은 얼마나 큰 수일까?

큰 수인 '경'을 나타내는 우리 고유의 수 세는 말은 '골'입니다.
"골백번 말해도 못 알아듣네."라는 말을 들어 보셨나요?
지금처럼 수를 나타낸다면 '경'은 1 뒤에 0이 16개가 붙은 크기의 수입니다. 그럼 '골백'은 얼마나 될까요?
'골×백'이니까 1 뒤에 0이 18개 붙은 크기의 수입니다.

골   =   10,000,000,000,000,000
골백 = 1,000,000,000,000,000,000

이만큼 말했는데도 알아듣지 못했다면 진짜 문제가 있는 거겠죠?

우리는 언제부터 아라비아숫자를 썼을까?

지금은 아라비아숫자가 세계 공통 숫자입니다. 상업이 발달하고 국제 무역의 규모가 점점 커지면서 오가는 돈의 단위도 커지게 되었습니다. 그래서 공통으로 쓸 편리한 숫자가 필요하게 되었는데, 이때 선택된 것이 바로 아라비아숫자입니다.

1653년에 아라비아숫자를 사용하던 네덜란드 사람 하멜이 제주도에 표류했고, 그 이후에도 서양 선교사들이 들어왔기 때문에 우리나라는 그들을 통해서 아라비아숫자를 알게 되었을 것입니다. 하지만 정확히 언제부터 우리나라에서 아라비아숫자를 사용했는지는 알 수 없습니다.

가장 오래된 기록은 지금으로부터 약 170년 전인 1842년에 김대건 신부가 쓴 편지인데, 날짜를 아라비아 숫자로 적고 있습니다. 그리고 우리 정부가 공식적으로 아라비아 숫자를 사용한 최초의 문서는 1882년 조선과 미국이 조약(조미수호통상조약)을 체결할 때 영어로 작성된 것입니다.

아라비아숫자를 일반 백성들이 사용하기 시작한 것은 그보다 훨씬 후의 일입니다.

『계산판의 책』이 나오고 약 100년 후인 1299년에 교황청은 이탈리아

이탈리아 수학자 피보나치(1170?~1240?)가 쓴 『계산판의 책』(1202) 머리글에 다음과 같이 적혀 있습니다.

인도의 숫자는 9, 8, 7, 6, 5, 4, 3, 2, 1로 아홉 개이다. 이 아홉 개의 숫자와 0을 가지고 어떠한 수라도 자유롭게 나타낼 수 있다.

단지 아홉 개의 숫자와 기호 0을 가지고 아무리 큰 수도 나타낼 수 있다는 것은 당시로서는 굉장한 일이었습니다. 여기서 피보나치가 숫자를 9부터 거꾸로 나열한 것은 아라비아에서 글자를 오른쪽에서 왼쪽으로 써나가는 것을 그대로 따랐기 때문입니다.

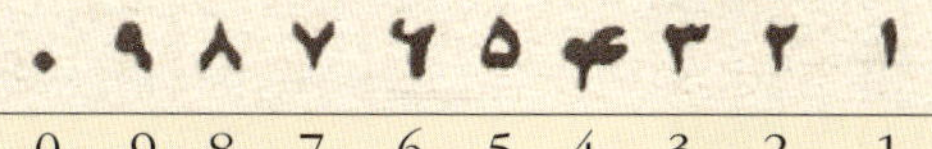

이 숫자는 사실 인도에서 만들어져서 아라비아 사람들이 유럽으로 전한 것뿐입니다. 그러니까 인도-아라비아 숫자라고 해야 옳습니다.

피렌체의 상인들에게 다음과 같이 강요했습니다.

당시 피렌체는 교황청으로부터 세금을 거두는 일을 위임받아서 금융과 무역을 통해 경제가 빠르게 발달하였습니다. 이 무렵 교황청에서 위와 같이 강요한 것입니다.

교황청에서는 아라비아숫자가 위조하기 쉽기 때문이라고 이유를 말했습니다. 그렇다면 로마 숫자와 아라비아숫자를 같이 사용하게 하면 되는 것이지 금지시킬 필요까지는 없었다고 생각할 수 있습니다. 교황청의 그러한 강요의 밑바탕에는 전통을 따르는 것이 옳다는 다소 고집스런 생각이 들어 있었던 것입니다.

로마 숫자는 한자 숫자처럼 기록은 가능하지만 계산하기는 번거로워서 따로 주판과 같은 계산기가 필요했습니다. 이렇게 번거로운데도 당시 수학자들은 로마식 계산법을 고집했는데, 대부분이 성직자였던 수학자들에게는 이전의 방식대로 계산기로 계산하는 것으로 충분했던 것입니다. 하지만 실용성을 따지는 상인들 사이에서는 기록과 계산을 동시에 할 수 있는 편리한 아라비아숫자가 빠르게 퍼졌습니다.

필산을 하는 보에티우스와 주판으로 계산하는 피타고라스를 상상한 목판화
산수여왕이 보에티우스를 바라보고 있고, 보에티우스가 웃고 있는 모습만 봐도 누가 이길 것인지 알 수 있습니다.

주판을 이용하는 사람들과 필산을 이용하는 사람들 사이에 오랫동안 싸움이 계속되었는데, 16세기에 마침내 아라비아숫자를 이용한 필산파가 완전히 승리를 거두었습니다.

이것은 우리나라의 한글과 마찬가지입니다. 한자보다 늦게 발명되었지만 사용하기가 훨씬 쉬웠기 때문에 한글이 사람들 사이에 빠르게 퍼지게 된 것입니다.

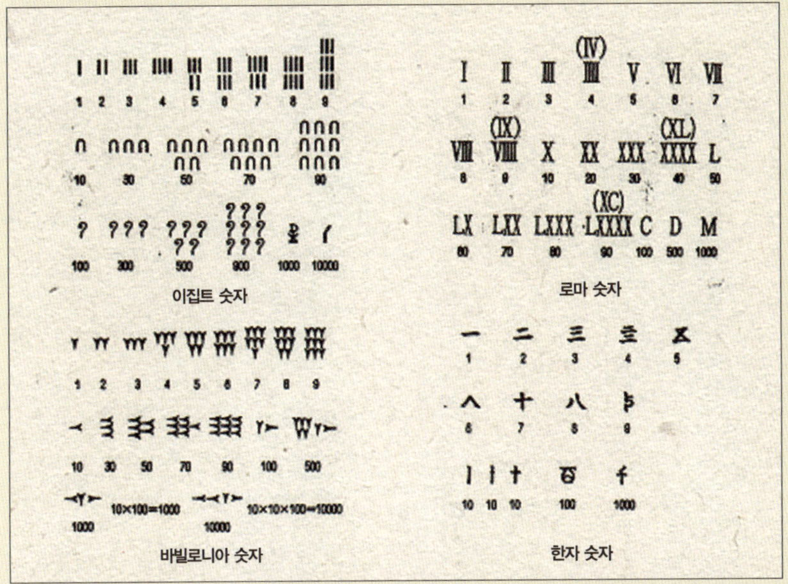

이 숫자들은 그냥 보기에도 쓰기 어려워 보입니다. 이 숫자들로 계산하려면 정말 힘들었을 거에요.

* 다음 덧셈을 해 봅시다.

1 어느 숫자로 계산하는 것이 가장 복잡하다고 생각하나요?

2 곱셈이나 나눗셈을 아라비아숫자가 아닌 다른 숫자로 계산한
다면 어떨까요?

3 이탈리아 상인들은 왜 로마 숫자를 사용하라는 교황청의 명령
에 대항해서 아라비아숫자를 사용하려고 했나요?

03

옛날 사람들은 수를 어떻게 이해했을까?

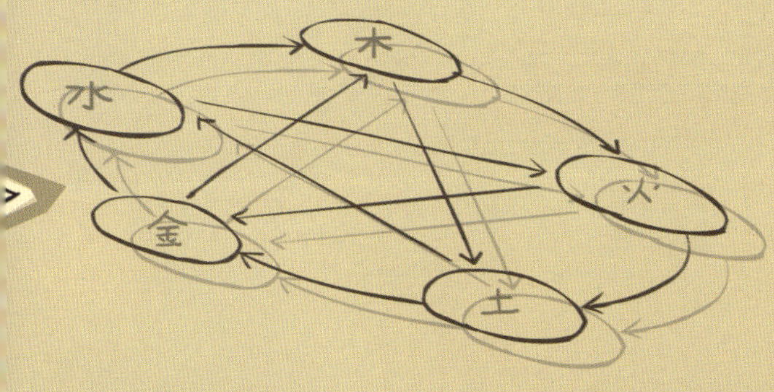

기장 줄기 ▶

아주 오랜 옛날이야기입니다. 새롭게 부족을 세운 한 장로가 부족 사람들을 이끌고 높은 산에 올라 하늘에 제사를 지내고 있었습니다. 하늘을 기쁘게 하기 위해 음악을 연주하고 있는데, 갑자기 두꺼비 한 마리가 장로 앞을 풀쩍 뛰어 지나갔습니다. 두꺼비가 뛰어나온 쪽을 보니 기장 줄기가 떨어져 있었습니다.

장로는 사람들에게 "하늘이 두꺼비를 시켜서 이 기장줄기를 내려준 것이오."라고 말하고는 조심조심 기장을 털어보니 90알의 기장 알이 나왔습니다.

장로는 "이 기장 알은 하늘의 조화가 담긴 것이오. 그러니 이것으로 악

기를 만들어 연주하면 하늘이 기뻐할 것입니다."라고 말했습니다.

　장로는 기장 90알을 한 줄로 늘어놓고 그 길이와 같게 나무를 깎아 피리를 만들었습니다.

　그러고는 "이 피리에는 하늘의 뜻이 담겼으니, 이 피리의 길이를 자로 사용해야겠소. 그리고 기장의 수를 달력을 만드는 데에도 이용해야 하오."라고 말했습니다.

　이 모든 일이 끝나고 장로가 "이제 음악도, 측량도, 시간을 나누는 기준도 모두 하늘이 주신 조화로운 수에 맞추었으니, 우리 부족은 늘 평화롭고 농사도 잘 될 것이오."라고 하자 모두들 기뻐했습니다.

옛날 동양에서는 왕을 하늘의 아들인 천자(天子)로 여겼습니다. 그래서 천자는 하늘이 정한 이치에 따라 음악과 달력과 측량(도량형)을 하나로 묶을 수 있다고 생각했습니다. 그리고 하늘의 이치는 '수'에서 나온다고 해서, 수를 이용하여 세상을 조화롭게 만들거나, 미래를 예측하는 일을 할 수 있다고 생각했습니다.

이 수를 '역수(易數)'라고 했는데, 역수를 음악에 이용하면 백성들의 마음이 평화롭게 되고, 측량에 이용하면 나라 경제가 안정되고, 달력을 만드는 데 사용하면 계절의 운행이 제대로 돌아가며, 역사가 질서 있게 흐른다고 생각했습니다. 그래서 역수는 나라를 새로 만들거나 법을 새로 정할 때 꼭 필요했습니다.

가령 역수인 9를 '피리의 길이, 측량자의 기준, 시간을 나누는 기준'으로 사용하면 하늘의 뜻과 어울려 나라를 잘 다스릴 수 있다는 식입니다.

중국의 옛 책인 『한서』 「율력지」에는 음악, 달력, 측량을 '역수'를 중심으로 묶어서 생각했는데, 이 생각은 우리나라에도 그대로 전해졌습니다.

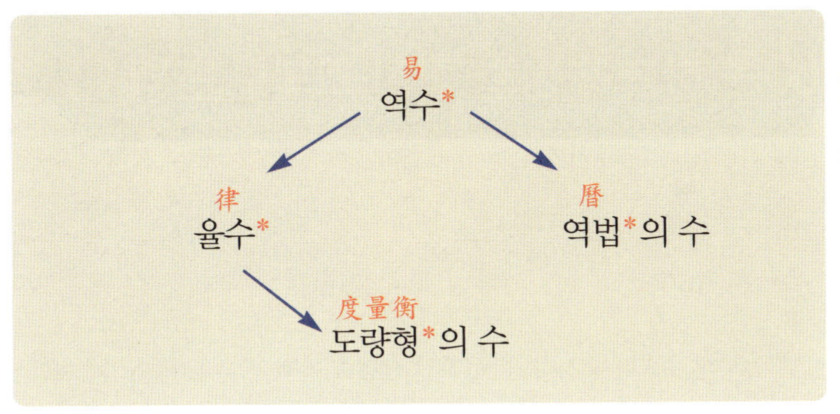

우리 조상들이 사용한 역수에는 어떤 것들이 있을까요?

조선시대 수학자 홍정하의 『구일집』에는 다음과 같은 문제가 있습니다.

계사년 11월 5일은 기유 동지이다. 갑오년 동지는 무슨 날인가?

癸巳年十一月初五日己酉冬至間甲午冬至是何日

연도와 날짜를 '갑오, 계사, 기유' 등으로 나타내고 있지요. 이것을 '간지'라고 합니다.

간지는 하늘을 뜻하는 천간(天干)과 땅을 뜻하는 지지(地支)를 조합해서 만든 것입니다. 하늘과 땅의 조화를 생각한 것이지요.

$$\text{간지} = \overset{\text{하늘}}{\text{천간}} \times \overset{\text{땅}}{\text{지지}}$$

10가지로 상징되므로 십간이라고도 한다

12가지로 상징되므로 십이지라고도 한다

왜 하필 10과 12라는 수를 이용했을까요?

10은 사람의 손가락이 10개라서 문명이 발달한 나라에서는 자연스럽게 10씩 한 묶음의 수 세기를 하게 됩니다.

또 12는 원을 등분하기 좋은 수입니다. 원을 어떻게 12등분 하냐구요? 먼저 원의 반지름을 이용하여 원의 둘레를 등분하면, 정확히 6등분이 됩니다.

다음에 6등분의 중점을 각각 구하면 간단하게 12등분할 수 있습니다.

여러분도 컴퍼스로 한번 따라해 보세요.

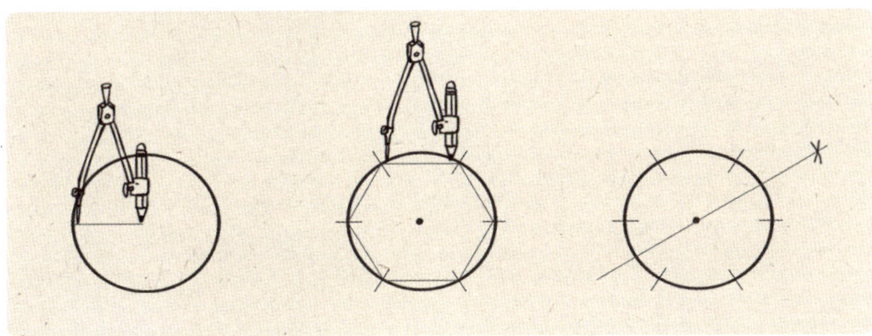

간지는 60가지가 있는데, 10의 배수와 12의 배수 중 공통이 되는 가장 작은 배수입니다. 한마디로 60은 10과 12의 최소공배수입니다.

지금 우리도 60을 이용하여 시간을 표현하는데, 60초를 1분, 60분을 1시간으로 정하고 있지요. 이것을 60진법이라고 합니다.

12를 한 묶음으로 수 세기

영어로 수를 세어 보면 옛날에 12를 한 묶음으로 생각한 흔적이 있습니다. 12까지는 'one, two, three, four, five, six, seven, eight, nine, ten, eleven, twelve'라고 규칙 없이 센 후, 13부터 -teen을 이용해서 규칙적으로 나타내지요.

연필은 12자루씩 묶어서 한 다스라고 합니다. 이렇게 12를 한 묶음으로 해서 수를 센 이유는 10보다 편리한 점이 있기 때문입니다. 물물교환을 하던 시대에는 물건을 나누어 주기 쉬운 수가 더 편하고 좋았습니다. 예를 들어 달걀을 나눠주는 경우를 생각해 보겠습니다.

달걀 10개는 똑같이 나눠줄 수 있는 경우가 다음 네 가지 뿐입니다.

1명, 2명, 5명, 10명

달걀 12개는 똑같이 나눠줄 수 있는 경우가 다음 여섯 가지나 됩니다.

1명, 2명, 3명, 4명, 6명, 12명

나누어 줄 수 있는 경우의 수가 큰 12를 편하다고 생각했던 것이지요.

그럼 간지는 어떻게 만들까요? 십간과 십이지를 차례로 돌아가며 하나
씩 짝지어 나타냈어요.

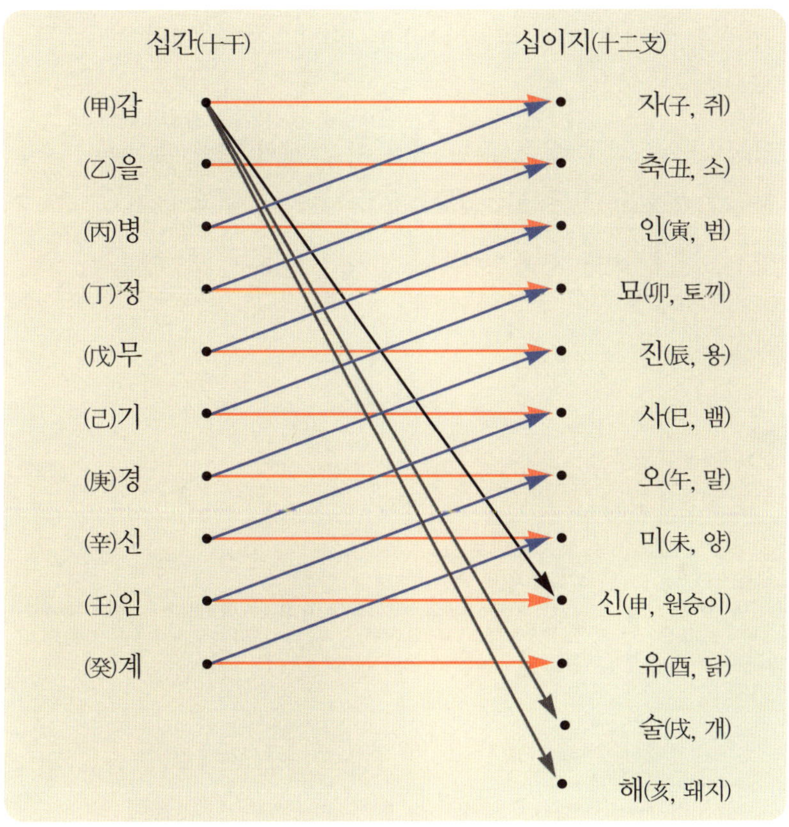

　이렇게 갑자(甲子)로부터 시작해서 계속 하나씩 짝을 맞추어 나가다가, 십간의 마지막인 '계'와 십이지의 마지막인 '해'가 맞춰지는 '계해(癸亥)'가 될 때까지 서로 다르게 짝지어지는 경우가 60가지입니다.

갑자 을축 병인 정묘 무진 기사 경오 신미 임신 계유
갑술 을해 병자 정축 무인 기묘 경진 신사 임오 계미
갑신 을유 병술 정해 무자 기축 경인 신묘 임진 계사
갑오 을미 병신 정유 무술 기해 경자 신축 임인 계묘
갑진 을사 병오 정미 무신 기유 경술 신해 임자 계축
갑인 을묘 병진 정사 무오 기미 경신 신유 임술 계해

갑자에서 계해까지 60가지

갑자* 을축 병인 정묘 무진 기사 경오 신미 임신 계유
갑술　을해 병자 정축 무인 기묘 경진 신사 임오 계미
갑신　을유 병술 정해 무자 기축 경인 신묘 임진 계사

：

우리는 '죽는다'를 왜 '돌아간다'라고 말할까?

우리가 지금 사용하는 서기 연도는 2008년, 2009년, ……과 같이 매년 1씩 더해서 나타냅니다. 이것은 직선 위에 차례로 점을 찍는 것 같은 생각으로 시간에 대한 서양적인 생각입니다.
그런데 동양에서는 시간이 돈다고 생각했습니다. 계절이나, 아침 저녁과 같이 시간은 일정하게 되풀이되며 흐릅니다. 우리 조상들은 오랫동안 한 곳에 정착해서 농사를 지으면서 시간의 흐름에 따라, 씨를 뿌리고 열매를 거두었습니다. 이 때문에 죽음도 '돌아간다'고 표현하는 것입니다.

손가락으로 60까지 수 세는 방법

오른손 손마디를 이용해서 12를 셀 때마다 왼손 손가락을 하나씩 꼽습니다. 왼손 5개를 다 꼽으면 12×5=60이 됩니다. 우리나라에서도 간지로 나이 등을 따질 때 손가락을 이용해서 계산했습니다.

왼손	오른손
각각의 손가락이 12를 의미하는 손가락 셈	엄지손가락으로 새끼손가락부터 시작하여 손가락 마디를 하나씩 짚으며 12까지 수를 센다.

신은 세상을 '둘'로 나누어 창조했다!

동양에서는 옛날부터 신이 세상을 둘로 나누어서 창조했다고 생각했습니다. 그러니까 사람들도 세상의 만물을 둘로 나누어 생각하는 것이 조화로운 일이라고 여겼습니다. 그래서 옛날에는 점을 칠 때도 두 가지 막대를 이용했습니다.

수도 하늘의 수와 땅의 수 두 가지로 나누어서 생각했습니다.

이 말을 다시 정리하면 다음과 같습니다.

하늘의 수 ⇨ 1, 3, 5, 7, 9

땅의 수 ⇨ 2, 4, 6, 8, 10

이 중에서도 하늘의 마지막 수인 9를 최고의 수로 생각했습니다.

'구중궁궐'이라는 말도 겹겹의 문을 통과하고 좋은 수인 아홉 번째 깊숙한 곳에 임금이 있다고 해서 나온 말입니다.

9를 이용한 예를 들어볼까요.

❶ 악기의 음을 맞추는 기준이 되는 피리(황종관)의 길이를 9촌으로 정했습니다.

❷ 9의 제곱인 81을 이용해서 달력을 만들었습니다. 한나라 때 분모를 81로 해서 1달을 $(29일 + \frac{43}{81})$일로 정했습니다.

❸ 9와 땅의 마지막 수 10을 합한 19를 이용해서 달력을 만들었습니다. 송나라 때 하승천은 19년을 기준으로 윤달이 일곱 번 들어가는 달력을 만들었습니다.

나라를 세우고 음악이나 달력 등을 새로 만들 때는 어떤 정당한 기준이 있어야 하는데, 이때 역수를 이용합니다.

하늘이 정한 수인 역수를 이용해서 새로운 나라의 정통성을 주장하고 권위를 높이려는 것이지요.

엉터리라고 생각할지 모르지만, 옛날에는 왕이 하늘과 통해 있다고 생각했기 때문에 이런 일을 통해 백성이 나라를 믿게 되고, 그 덕분에 나라의 질서를 지킬 수 있었습니다.

만물을 둘로 나눈 것을 대표해서 '양, 음' 이라고 합니다. 양은 남자, 하늘, 짝수 등을 말하고, 음은 여자, 땅, 홀수 등을 말합니다. 만물의 생성과 변화를 양과 음이 늘어나고 줄어듦으로 설명하는 것을 음양사상이라고 합니다. 이것은 역수를 정하는 기본이 되는 사상 중 하나입니다.

피타고라스와 여러 가지 수

서양에서도 수가 우주의 질서를 보여준다는 믿음이 있었습니다. 지금으로부터 약 2,500년 전에 살았던 그리스의 수학자 피타고라스는 우주의 모든 것을 정수의 비로 나타낼 수 있다고 생각했습니다. 동양에서 수를 하늘의 수, 땅의 수 등으로 분류했듯이 피타고라스는 수가 성격을 가지고 있다고 생각해서 완전수라든가, 또 남성의 수, 여성의 수, 결혼 수 등으로 분류하였습니다.

피타고라스가 생각한 완전수란 자신을 제외한 소수들을 더했을 때 자신이 나오는 수입니다. 가장 작은 완전수는 6입니다.

6의 약수는 1, 2, 3, 6인데, 6을 제외하고 더하면
1+2+3=6이다. 따라서 6은 완전수이다.

두 번째 완전수는 28인데, 달의 주기와 엇비슷합니다.

28의 약수는 1, 2, 4, 7, 14, 28인데, 28을 제외하고 더하면
1+2+4+7+14=28이다. 따라서 28은 완전수이다.

또 3을 남성의 수, 2를 여성의 수로 보았는데, 그 두 수를 더하면 결혼 수 5가 된다고 하고 5를 특별한 수로 생각했습니다.

피타고라스학파의 오각형

피타고라스는 5를 특별하게 생각해서, 학생들에게 오각형의 별모양 배지를 달고 다니게 했습니다. 오각형 속에는 황금비가 곳곳에 숨어 있어서 신비롭게 여겼습니다.

피타고라스학파의 사람들은 선분을 둘로 나눌 때, 몇 대 몇으로 나누어야 가장 아름다워 보이는지에 관심을 가졌습니다. 계산해 보니 그 비율은 약 1.6이었습니다. 머리의 가르마를 탈 때나 명함, 엽서 등을 만들 때 이 비율을 이용하면 사람의 눈에 좋게 보인다고 생각했습니다.

오각형의 별에는 다음과 같이 황금비가 곳곳에 있습니다. 황금비율인 1.6을 ϕ로 나타내면 다음과 같습니다.

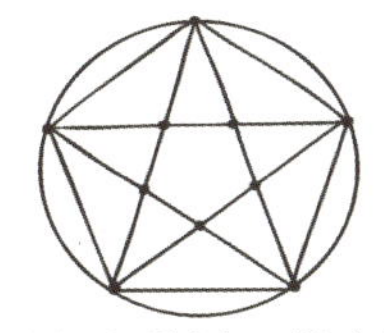

피타고라스학파의 오각형 배지

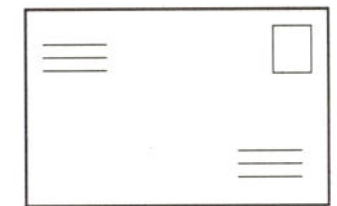

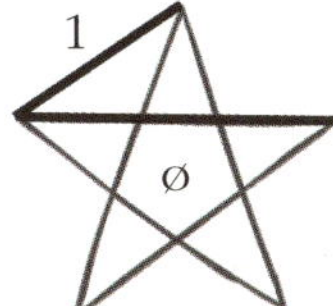
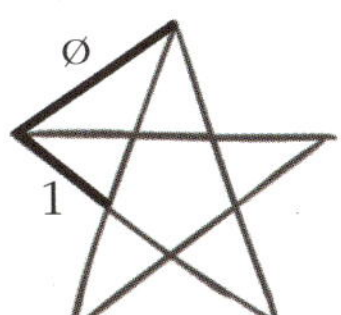

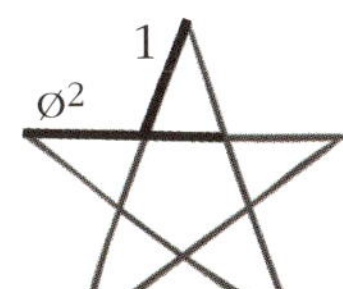
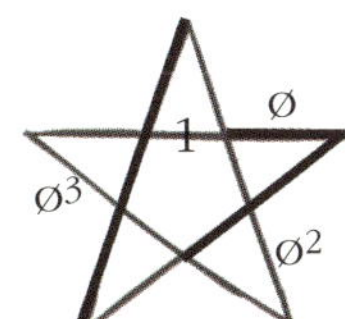

나는 조선시대 철학자

난 한의학자

먼 옛날에는 세상에 일어나는 일을 둘(음과 양)로 나눠서 설명했는데, 세상이 복잡해지면서 둘만으로는 설명할 수 없는 경우가 생겼습니다. 그래서 음과 양을 섞어, '넷' 으로 나누어서 설명하게 되었습니다.

그런데 세상은 더 복잡해졌고 네 가지로도 부족하게 되었습니다. 그래서 네 가지를 섞어서 여덟 가지로 나누었는데, 이것을 8괘라고 합니다.

> 8괘 ⇒ 곤(坤, ☷) 간(干, ☶) 감(坎, ☵) 손(巽, ☴)
>
> 8괘 ⇒ 진(震, ☳) 이(離, ☲) 태(兌, ☱) 건(乾, ☰)

결국 8괘끼리 조합해서 만든 64괘로 우주만물을 설명하게 되었습니다.

	곤	간	감	손	진	이	태	건
곤								
간								
감								
손								
진								
이								
태								
건								

그런데 64괘는 오늘날 컴퓨터에 이용되는 이진법과 같습니다. 독일의 수학자 라이프니츠(1646~1716)는 중국에 파견된 프랑스 선교사 부베(1656~1703)와 편지를 주고받으면서 중국의 64괘 속에 0부터 63까지의 수가 2진법으로 되어 있는 것을 알았습니다.

앞의 64괘를 윗쪽과 같이 수로 나타내어 봅시다. 이진법의 수 11100을 십진법의 수로 나타내면 다음과 같습니다.

$$11100_{(2)} = 0 \times 32 + 1 \times 16 + 1 \times 8 + 1 \times 4 + 0 \times 2 + 0 \times 1 = 28$$

$2 \times 2 \times 2 \times 2 \times 2$ 의 자리	$2 \times 2 \times 2 \times 2$ 의 자리	$2 \times 2 \times 2$ 의 자리	2×2 의 자리	2 의 자리	1 의 자리

이와 같이 각 칸의 값을 읽으면 다음과 같이 0부터 63까지 64가지의 수가 나옵니다.

2진법 10진법							
000000 0	000001 1	000010 2	000011 3	000100 4	000101 5	000110 6	000111 7
001000 8	001001 9	001010 10	001011 11	001100 12	001101 13	001110 14	001111 15
010000 16	010001 17	010010 18	010011 19	010100 20	010101 21	010110 22	010111 23
011000 24	011001 25	011010 26	011011 27	011100 28	011101 29	011110 30	011111 31
100000 32	100001 33	100010 34	100011 35	100100 36	100101 37	100110 38	100111 39
101000 40	101001 41	101010 42	101011 43	101100 44	101101 45	101110 46	101111 47
110000 48	110001 49	110010 50	110011 51	110100 52	110101 53	110110 54	110111 55
111000 56	111001 57	111010 58	111011 59	111100 60	111101 61	111110 62	111111 63

옛날부터 동양에서는 이진법을 이렇게 체계적으로 생각하고 있었습니다. 하지만 동양에서는 수학을 끝까지 신비적인 역수 사상과 섞어서 생각했고, 서양에서는 나중에 수학을 신비 사상과 분리시켜서 하나의 학문으로 생각하게 되었기 때문에 이진법을 이용한 컴퓨터를 발명할 수 있게된 것입니다.

이진법과 태극기

그런데 8괘 중 일부는 어디서 많이 본 것 같지요? 맞습니다. 우리나라의 태극기입니다. 태극기에는 다음과 같은 의미가 있다고 합니다.

☰ (건) – 양 111(=7)　　☷ (곤) – 음 000(=0)　　☵ (감) – 양 010(=2)　　☲ (이) – 음 101(=5)

위의 네 가지는 다음과 같은 의미를 나타냅니다.

건(하늘 · 봄 · 동 · 인)

이(해 · 가을 · 남 · 예)

감(달 · 겨울 · 북 · 지)

곤(땅 · 여름 · 서 · 의)

고대 동서양의 수비론(數秘論)적 믿음

고대 중국의 가장 오래된 수학책인 『구장산술』의 머리말에는 전설상의 제왕인 복희씨(伏羲氏)에 대한 글이 적혀 있습니다.

옛날 복희씨가 처음으로 팔괘를 그렸으니 하늘과 땅의 신령의 지와 덕에 통달하고 만물의 이치를 가능할 수 있었다. 또 구구법을 창안하였다.

복희씨
팔괘를 그리는 장면

대영박물관에 있는 『아메스 파피루스』
삼각형 모양 토지의 넓이를 구하는 문제 부분

다음의 글은 고대 이집트의 수학책인 『아메스 파피루스』* 에 적혀 있습니다.

이 책은 모든 존재하는 것, 그리고 숨은 신비를 밝혀 내는 지식을 베푼다.

즉 고대로부터 동서양에서 모두 "수에는 신비한 힘이 있다."고 생각하고 있었던 것입니다.

* 『아메스 파피루스』 : 파피루스에 기록된 고대 이집트의 수학책. 기원전 1650년경에 이집트의 왕실서기관인 아메스가 베껴 써서 남긴 것. 이것을 1858년에 영국의 린드가 발견했다고 해서 『린드 파피루스』라고도 함

행성을 보니 신은 세상을 '다섯'으로 나누었어!

옛날에는 동양과 서양에서 모두 행성은 다섯 개뿐이라고 생각했습니다. 인간이 맨눈으로 볼 수 있는 행성은 다섯 개뿐이거든요. 그래서 5를 하늘이 정해놓은 수라고 여겨서 신성하게 생각했습니다. 다섯 행성의 이름은 각각 물, 불, 나무, 금, 흙을 의미합니다.

수성	화성	목성	금성	토성
⋮	⋮	⋮	⋮	⋮
(水, 물)	(火, 불)	(木, 나무)	(金, 금)	(土, 흙)

'물 · 불 · 나무 · 금 · 흙' 이렇게 다섯 가지 요소로 나누어 우주 만물을 설명하는 이론을 오행사상(五行思想)이라고 합니다. 오행사상은 우리나라에도 큰 영향을 주었습니다.

다음 표는 오행사상에 의해서 방위, 계절, 도량형, 음률, 벼슬 등의 이름과 1부터 10까지의 수를 다섯 가지로 분류한 것입니다.

오행	1~10	방위	도량형	계절	음계	벼슬	십간	십이지
나무(목)	3, 8	동	규(規)	봄	각	전	갑을	인묘진
불(화)	5, 10	남	형(衡)	여름	치	사마	병정	사오미
흙(토)	2, 7	중앙	승(繩)	사방	궁	도	무기	사계
금(금)	4, 9	서	구(矩)	가을	상	리	경신	신유술
물(수)	1, 6	북	권(權)	겨울	우	사공	임계	해자축

오행사상의 입장에서는 '동서남북'에 '중앙'을 덧붙여 생각했고, 계절에도 '사방'을 덧붙여 생각한 것입니다. 이렇게 억지로라도 다섯 가지로 나누면 조화롭다고 생각했습니다.

만리장성을 세운 시황제가 6을 좋아한 이유는 오행사상 때문!

만리장성과 불로초로 유명한 중국 진나라의 시황제는 6을 좋아했습니다. 왜 6을 좋아했을까요? 그 이유는 오행사상에 있습니다.
중국 제나라 때 추연이란 사람이 다음과 같이 말했습니다.

왕조는 오행의 덕에 의해서 흥하고 망하고 바뀌는데 …… 일정한 순서가 있다. …… 물은 불을 이기고, 불은 금을 이기며, 금은 나무를 이기고, 나무는 흙을 이기며, 흙은 물을 이긴다.

오행의 순서에 따르면 시황제가 세운 진나라는 이전 나라인 주나라의 불의 덕을 이기고 물의 덕으로 세워진 나라입니다. 그런데 '물'의 수는 6이므로, 6을 중요시했던 것입니다.
시황제는 수레의 폭을 6척(135cm)으로 통일하고, 왕관의 길이를 6촌, 왕의 수레를 끄는 말을 여섯 마리로 정하였습니다. 또한 6×6=36 또는 6×7=42 등으로 고을과 현을 나누었습니다.
오행의 순서에 따르면 물을 상징하는 '수'는 5를 주기로 되풀이되므로 5로 나누어서 1이 남는 수입니다.

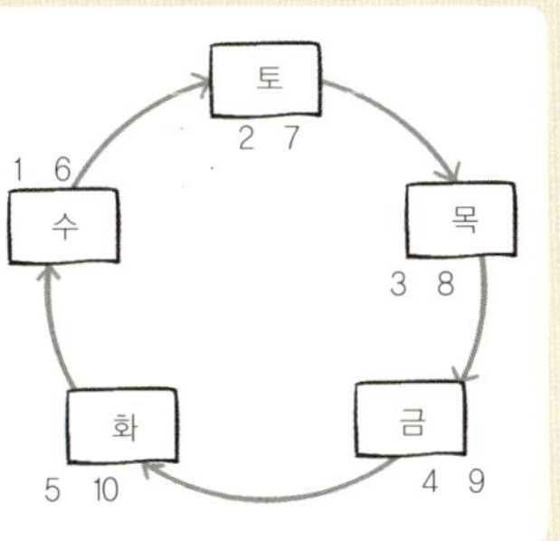

정다면체는 다섯 개뿐!

고대 그리스인들은 우주가 불, 흙, 공기, 물의 네 원소로 이루어졌다고 생각했습니다. 특히 케플러는 이 네 원소가 정다면체 모양을 하고 있다고 생각했습니다. 불은 정사면체, 흙은 정육면체, 공기는 정팔면체, 물은 정이십면체라고 했습니다.

그리고 이 네 원소를 모두 담은 그릇인 대우주는 정십이면체라고 생각했습니다. 정다면체는 이 다섯 가지밖에 없는데, 이것을 최초로 증명한 사람이 플라톤입니다. 그래서 이 다섯 가지를 '플라톤의 다면체'라고 합니다.

정다면체는 다음의 두 조건을 모두 만족해야 합니다.

(1) 각 면이 모두 합동이어야 합니다.
(2) 한 꼭짓점에 모이는 면의 개수가 모두 같습니다.

다음 정이십면체를 예로 들어 정다면체를 따져봅시다.

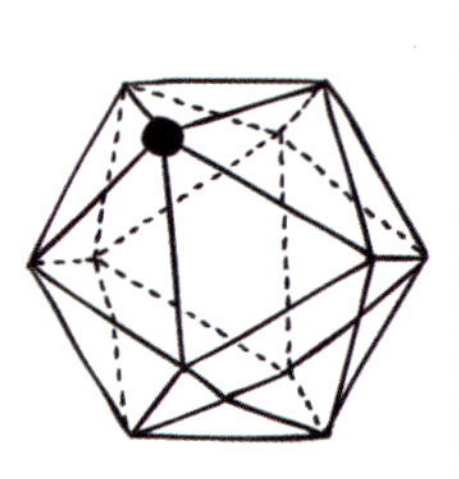

정다면체	합동인 면	한 꼭짓점에 모이는 정다각형 개수
정사면체	정삼각형 4개	3개
정육면체	정사각형 6개	3개
정팔면체	정삼각형 8개	4개
정십이면체	정오각형 12개	3개
정이십면체	정삼각형 20개	5개

(1) 각 면이 모두 합동인 정삼각형입니다.
(2) 한 꼭지점 ●에서 만나는 정삼각형은 다섯 개이며, 모든 꼭짓점에 각각 모이는 면의 개수는 다섯 개씩으로 같습니다. 따라서 위의 도형은 정다각형입니다.

하늘의 뜻을 담아서 악기를 만들다!

동양에서는 음악을 나라를 다스릴 때 없어서는 안 되는 중요한 것으로 생각했습니다. 그래서 악기를 만들 때 하늘의 이치를 악기의 길이나 줄의 개수, 모양 등에 담아내려고 애썼습니다. 이렇게 함으로써 악기 속에 하늘의 뜻이 들어 있다는 것을 보여주려고 한 것이지요.

중국의 현악기인 금(琴)은 7세기 후반까지도 신의 악기로 귀하게 여겼던 것인데, 『삼국사기』에는 금에 관한 다음과 같은 기록이 있습니다.

(5현금)

금의 길이인 3척 6촌 6푼은 1년 366일을 상징하며,

금의 너비인 6촌은 하늘과 땅, 사방(四方)으로 6을 나타낸 것이며,

위가 둥글고 아래가 네모난 것은

하늘은 둥글고 땅은 네모나다는 천원지방(天員地方)을 나타내며,

금의 줄 수가 다섯 개인 것은 오행을 상징하고, ……

(7현금)

금의 길이 4척 5촌은 사계절과 오행을 상징하며

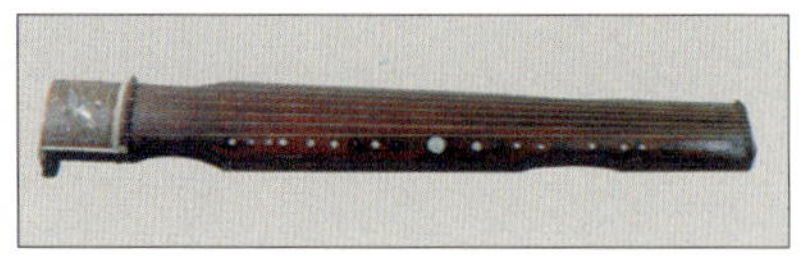

또한 중국 악기 쟁을 보고 만들었다는 가야금에 관한 다음과 같은 기록이 있습니다.

가야금

또한 비파에 관해서는 다음과 같이 말하고 있습니다.

비파

1 10과 12가 옛날부터 한 묶음의 단위로 쓰인 이유를 생각해 보세요.

2 61번째 생신을 '환갑'이라고 합니다. 왜 환갑이라고 할까요?

3 동양에서 예로부터 9를 자주 사용한 이유는 무엇일까요?

4 시황제가 6을 좋아한 이유는 무엇일까요?

04

신비한 마방진을 알아보자

“강에서 커다란 거북이 올라온다.”
“앗! 거북의 등 좀 봐, 신기한 점들이 새겨져 있어.”
“나라를 잘 다스리라고 하늘이 보내준 신의 계시가 분명해.”

황허 유역은 계절마다 강수량이 고르지 않고, 강물 흐름의 변화도 크며, 여름과 가을에는 연간 강물의 양의 70~80%가 한꺼번에 흘러 홍수 피해가 큽니다. 황허의 홍수는 이처럼 불규칙해서 예측하기 어려울 뿐 아니라 황토가 강바닥에 쌓임에 따라 강바닥이 점점 높아져서 강물이 범람하여, 비옥한 주변 땅으로 황토가 휩쓸고 지나가 땅을 못 쓰게 만들어 버렸습니다.

그래서 당시에는 이러한 홍수를 막는 일이 가장 중요한 일 중 하나였습니다. 중국 왕의 중요한 역할은 사람들을 동원하여 둑을 쌓고 물을 잘

다스려서 강의 범람을 막는 일이었습니다.

하나라* 우왕 때의 일입니다. 우왕이 황허의 지류인 낙수(洛水)에서 둑을 쌓고 수로를 만들고 있는데, 등에 점들이 새겨진 큰 거북이 강에서 올라왔습니다.

자세히 살펴보니 그 점들의 가로, 세로, 대각선의 합이 모두 같았습니다. 깜짝 놀란 사람들은 이것이 하늘에서 거북을 통해 보내 준 조화로운 것으로, 신비로운 마법의 힘이 있다고 믿었습니다. 이것을 '낙서(洛書)'라고 합니다.

왕은 조화롭게 구성된 이 수들을 이용해서 나라의 운세를 점치고 다스리는 원리를 만들었다고 합니다.

하늘이 준 수표 _낙서와 하도

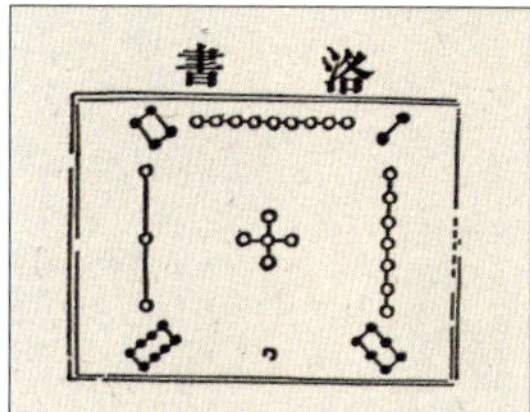

'낙서'에 있는 점의 개수를 숫자로 나타내어 보면, 다음과 같은 규칙을 찾을 수 있습니다.

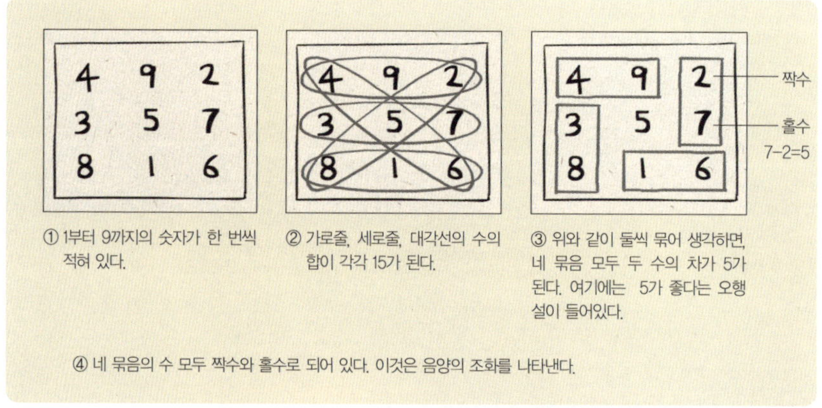

① 1부터 9까지의 숫자가 한 번씩 적혀 있다.

② 가로줄, 세로줄, 대각선의 수의 합이 각각 15가 된다.

③ 위와 같이 둘씩 묶어 생각하면, 네 묶음 모두 두 수의 차가 5가 된다. 여기에는 5가 좋다는 오행설이 들어있다.

④ 네 묶음의 수 모두 짝수와 홀수로 되어 있다. 이것은 음양의 조화를 나타낸다.

'낙서'와 비슷한 '하도(河圖)'의 전설이 있습니다. 고대 중국 전설 속의 제왕 복희씨 때 황허에서 두루마리를 입에 문 용마(龍馬)가 올라왔습니다. 그 두루마리의 그림을 보고 나타낸 것이 '하도'입니다. '하도'는 '낙서'와 같은 구조입니다.

'하도'와 '낙서' 같은 것을 중국에서는 '방진'이라고 합니다. 방진은 '숫자가 줄지어 진치고 있는 정사각형'이란 뜻입니다. 중국의 방진이 유럽에 전해졌는데, 유럽 사람들은 방진을 '매직

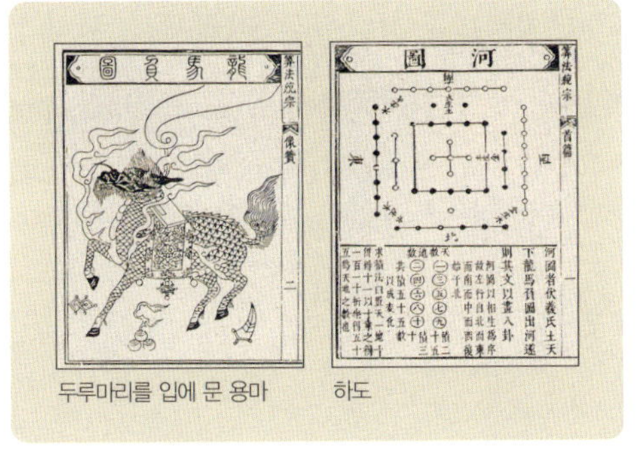

두루마리를 입에 문 용마   하도

스퀘어(마법의 정사각형)'라고 불렀습니다. 그리고 일본에서는 '매직 스퀘어'를 '마방진'이라고 번역했습니다.

중국 : 방진 → 유럽 : 매직 스퀘어 → 일본 : 마방진

그럼 왜 방진이 홍수와 관련된 전설에서 나왔을까요? 옛날 중국의 왕은 불규칙하고 변덕스러운 홍수 때문에 조화롭고 견고한 둑을 쌓아야 했습니다. 그런데 방진의 수는 그 짜임새가 조화롭고 견고하다고 여겨서 둑을 방진처럼 쌓아야 한다고 생각했던 것입니다.

낙서는 가로와 세로가 각각 세 줄씩이므로 '삼방진'이

라고 합니다. 사람들은 여기서 그치지 않고, 사방진, 오방진, 육방진 등 더욱 큰 방진을 계속 연구해 나갔습니다. 중국에서는 지금으로부터 700~800년 전인 송나라, 원나라 시대에 방진을 활발히 연구하였습니다.

나일 강의 홍수로 발전한 역법과 기하학

고대 이집트의 나일 강도 매년 범람했습니다. 그래서 나일 강 유역의 사람들은 편히 살 수가 없었지요. 하지만 이집트는 비가 잘 오지 않아서, 물이 있는 근처에 살아야했기 때문에 다른 곳으로 떠날 수도 없었습니다.
나일 강은 황허와 달리 규칙적으로 홍수가 일어나고, 또 상류에서 기름진 흙을 싣고 내려와 강이 넘친 후에는 땅이 더욱 비옥해져서 농사가 잘 되었습니다.
그래서 고대 이집트 왕의 중요한 역할은 나일 강의 범람을 정확히 예측해서 사람들을 대피시키고, 범람 이후에 농토를 다시 본래대로 나누는 일을 잘 하는 것이었습니다.
이집트 사람들은 나일 강이 범람하는 주기를 확인하는 과정에서 달력을 만들게 되었고, 농토를 다시 나누는 일을 통해서 측량술과 도형에 관한 학문인 기하학이 발전하게 되었습니다.

고대 이집트 사람들이 측량을 하는 장면

뒤러의 마방진

유럽 사람들도 가로, 세로, 대각선의 수가 딱 맞아 떨어지는 방진을 신비롭게 생각했습니다. 그래서 유럽인들은 매직 스퀘어라고 하며 숭배했고, 심지어 이것을 이용하여 숫자로 점치는 일에 빠지기도 했으며, 마귀를 쫓는 부적으로도 사용했습니다.

오른쪽 그림은 독일의 기하학자이며 화가인 뒤러가 그린 〈멜랑콜리아〉(1514)입니다. 그림을 잘 보면 천사 주변에 천칭, 컴퍼스, 구와 다면체 등이 널려 있습니다. 아마도 천사는 수학문제를 풀고 있었던 것 같습니다. 그런데 천사 머리 뒤쪽을 보세요. 마방진이 보이지요. 가로, 세로로 네 줄씩인 사방진입니다.
왜 하필 사방진을 그렸을까요? 고대 그리스의 엠페도클레스는 만물의 근본 물질을 불, 공기, 물, 흙의 네 가지로 정하고 이것으로 우주의 원리를 설명하려 했습니다.
마찬가지로 사람의 성질도 네 가지(다혈질, 담즙질, 우울질, 점액질)로 분류해서 보았는데, 수학자는 우울질에 속합니다. 수학자를 쉬게 하는 데는 목성의 힘이 필요한데, 목성을 상징하는 것이 사방진입니다.

우스운 생각 같지만, 구리 따위로 금을 만드는 연금술을 과학으로 여기던 뒤러의 시대에는 우스운 일이 아닙니다. 당시에는 누가 더할 것도 없이 동서양 모두 수와 신비주의 사상을 섞어서 생각했답니다.

뒤러의 〈멜랑콜리아〉 속에 그려진 마방진

조선의 마방진

조선의 양반들은 "세상의 이치가 조화로운 수의 구성과 관계있다."는 중국의 고대 사상의 영향을 받아 마방진에 흥미를 가졌습니다. 조선 숙종 때 최석정은 마방진 연구에 몰두했습니다. 직접 만든 마방진도 여러 가지가 있습니다.

최석정이 고안한 낙서육구면 ▶

* 구(龜) : 거북 등껍질

왼쪽의 마방진은 '낙서육구(六九)면' 인데, 모양이 거북의 등 같아서 '구(龜)*문면' 이라고도 합니다.

이 마방진은 다음과 같은 특징이 있습니다.

❶ 1부터 30까지의 수를 한 번씩 사용했다.
❷ 아홉 개의 육각형이 있다.
❸ 각각의 육각형을 이루는 수의 합은 모두 93이 된다.

최석정은 왜 하필 6과 9로 이루어진 마방진을 만들었을까요? 바로 역수(易數)에 따른 것입니다.

중국의 주자는 물기가 있는 흙덩이를 던지면 육각형이 생기며, 눈송이나 물에 사는 거북의 등이 육각형이라는 것을 알고는 6을 물의 수라고 생각하여 중요하게 여겼습니다. 또한, 동양에서는 9를 하늘의 마지막 수라고 해서 아주 좋은 수라고 생각했던 것입니다.

최석정은 균형과 조화를 이루고 있는 마방진이 세상을 조화롭게 만든다고 생각했기 때문에 열정적으로 다양한 마방진을 만들었습니다.

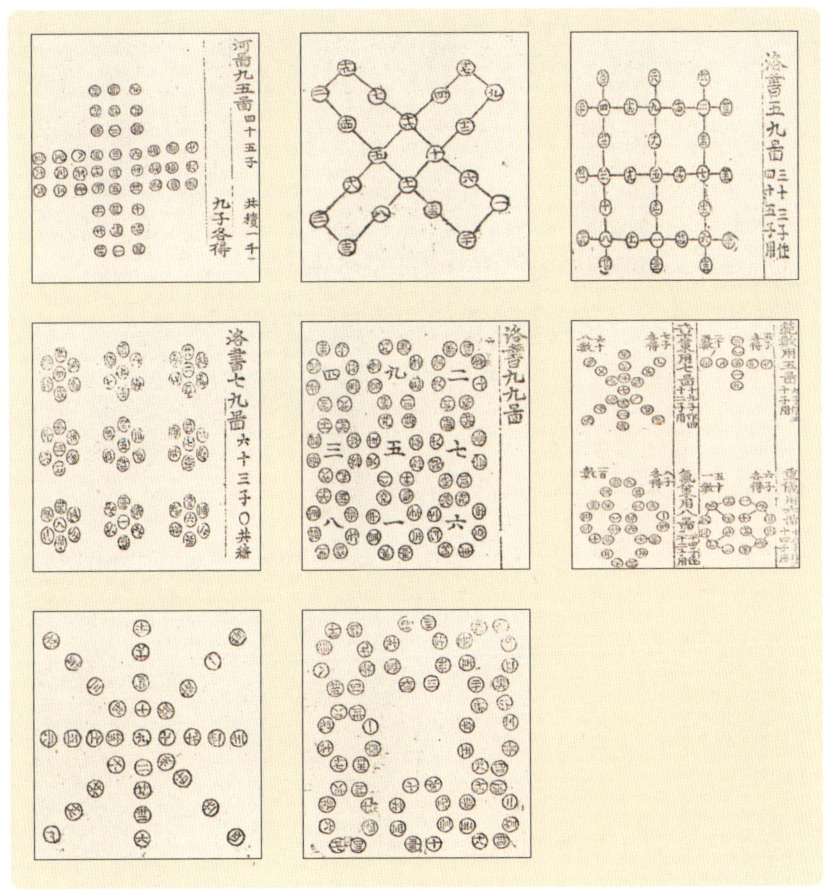

1 방진을 유럽에서 매직 스퀘어(마법의 정사각형)라고 부른 이유는 무엇일까요?

2 다음 낙서에 포함된 음양사상과 오행사상을 말해 보세요.

$$\begin{array}{ccc} 4 & 9 & 2 \\ 3 & 5 & 7 \\ 8 & 1 & 6 \end{array}$$

05

옛날에는 달력을 어떻게 만들었을까?

먼 옛날 어떤 시계도 없었던 때의 이야기입니다. 어느 이른 아침, 길에서 만난 급해 씨와 느긋해 씨가 이야기를 나누고 있었습니다.

"내가 잘 관찰해 보았는데, 해가 매일 저기 동쪽에서 떠서 반대편에서 지더라구."

"맞아. 나도 봤어. 해가 동쪽에서 떴다가 다시 동쪽에서 뜨면 하루가 지난 거야."·

"그럼 우리 저 해가 앞으로 다섯 번째 동쪽에서 뜨는 날 이 자리에서 다시 만나세!"

급해 씨와 느긋해 씨는 이렇게 약속을 하고 헤어졌습니다. 그리고 해가 다섯 번째 동쪽에서 떠오르던 날, 성질 급한 급해 씨는 얼른 일어나서 느긋해 씨랑 만나기로 한 장소로 나갔습니다. 하지만 아무리 기다려도 느긋해 씨는 나타나지 않았습니다.

그리고 해가 서쪽으로 질 무렵에야 느긋해 씨가 어슬렁거리며 나타났습니다. 급해 씨는 느긋해 씨에게 화를 냈습니다.

"난 밥도 안 먹고 해 뜰 때부터 나와서 기다리고 있는데, 어떻게 그렇게 해가 다 질 때가 되어서 어슬렁거리며 나타날 수가 있어?"

"우리는 해가 다섯 번째 동쪽에서 뜨는 날 만나기로 하지 않았나? 아직도 약속한 그 날이 맞잖아? 바로 그 날이야. 난 약속을 지켰어."

"안되겠군, 시각을 좀 더 정확히 나타내는 방법을 연구해야겠어."

이런 저런 생각을 하던 급해 씨가 좋은 생각이 난 듯 말했습니다.

"이런 방법은 어떨까? 내가 여기 나무 밑에서 하루 종일 자네를 기다리고 있었는데, 나무 그림자의 위치가 조금씩 바뀌고 그 길이도 달라지더라구. 그러니까 그걸 이용하면 더 정확히 시각을 나타낼 수 있을지도 모르겠어."

급해 씨랑 느긋해 씨는 나무를 이용해서 어떻게 시계를 만들었을까요?

고대인들은 되풀이되는 자연의 흐름에 따라 시간을 나누었습니다. 봄, 여름, 가을, 겨울이 되풀이되고, 해가 동쪽에서 뜨고 서쪽에서 지는 것이 되풀이 되고, 달 모양의 변화가 되풀이 되고, 별의 움직임이 되풀이 되고, ……. 이런 시간의 규칙적인 되풀이를 '주기' 라고 하는데, 주기를 인식하면서 사람들은 시간의 단위를 정하기 시작한 것입니다.

해가 뜨고 져서 다시 뜨면 하루가 지났다고 하고, 달이 초승달에서 다시 초승달이 되면 한 달이 지난 것입니다. 그러니까 해와 달은 하루와 한 달을 나타내는 시계라고 할 수 있습니다. 시간을 좀 더 정확히 나타낼 수 있는 방법으로는 막대기를 이용해서 해그림자를 측정하는 방법이 있습니다.

막대로 시계를 만들다!

막대를 이용해서 해시계를 만들 수 있는데, 이 때 사용하는 막대를 '표', 또는 '비'라고 합니다. 또 그림자의 길이를 잴 수 있는 자를 달아서 '규표'라고 합니다.

비는 주나라 때 만들었다고 해서 '주비'라고도 하는데, 중국의 수학책 『주비산경』은 비에 관계된 문제가 실려 있습니다.

해로 인해 생기는 비의 그림자를 통해서 다음과 같은 것을 구할 수 있습니다.

(1) 비의 그림자 길이로, 동서남북의 방향을 정할 수 있습니다.

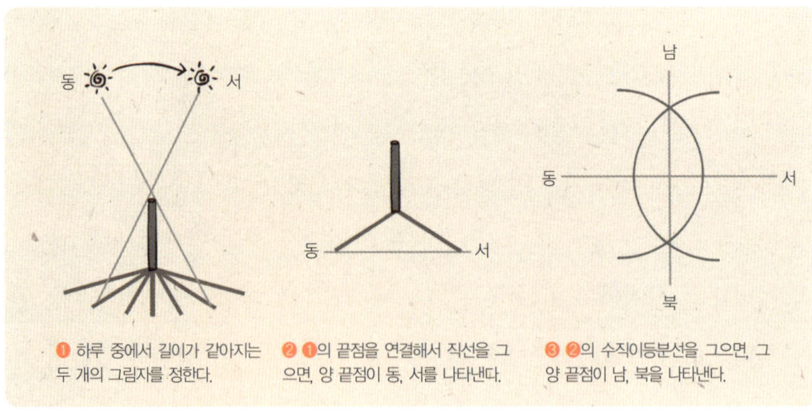

(2) 같은 날 같은 때에 재어도 그림자는 경도*에 따라 길이가 달라집니다. 따라서 그림자의 길이를 이용해서 같은 경도상의 거리를 계산할 수 있습니다. 『주비산경』에 다음과 같은 문제가 있습니다.

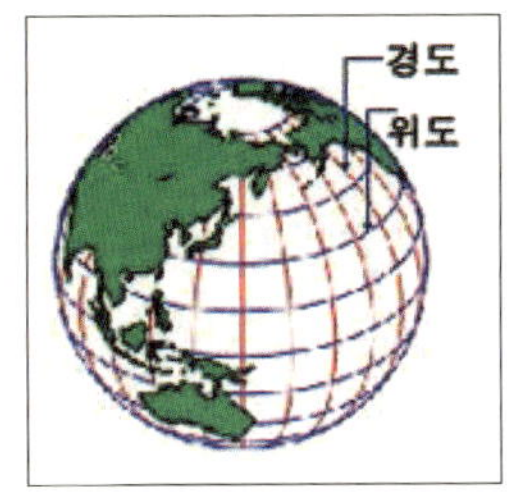

주나라 공자가 낙양을 천하의 중심으로 정하고 길이가 8척인 비를 세웠다. 그런데 남으로 8,000리 떨어진 곳에 비를 세우면 그림자의 길이가 1촌 적어진다. 그림자의 길이가 1척이 짧은 곳은 낙양에서 얼마나 떨어진 곳인가?

답_ 80,000리

(풀이) 1척=10촌, 8,000리에 1촌이 짧아지므로, 1척이 짧아지려면 80,000리가 된다.

(3) 하루의 길이는 그림자가 정남향에 놓이는 때로부터 다시 정남향에 놓이는 때까지의 시간입니다. 해가 떠있는 낮 시간은 등분한 눈금을 이용해서 대충 시간을 나눌 수 있습니다.

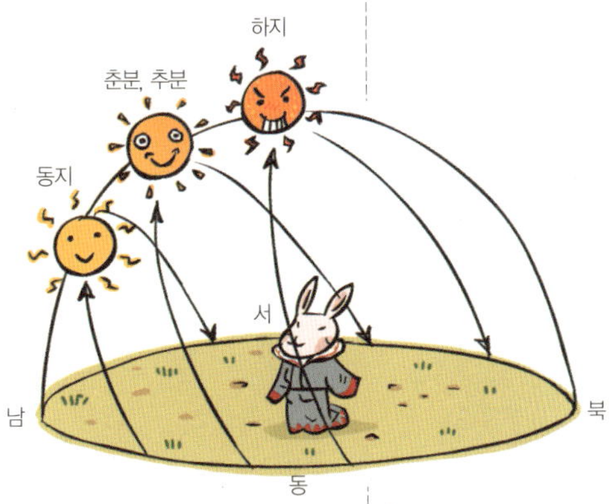

하지(6월 21일 경) : 일 년 중 낮의 길이가 가장 김
춘분(3월 21일)과 추분(9월 23일) : 밤낮의 길이가 거의 같음
동지(12월 22일) : 일 년 중 밤의 길이가 가장 김

(4) 일 년의 길이는 그림자 길이로 알 수 있습니다. 그림자가 같은 정남향에 있어도 계절에 따라 길이가 달라집니다. 그림자의 길이가 가장 짧을 때가 하지, 가장 길 때가 동지입니다.

하지 때에는 태양이 머리 위 가까이에 있기 때문에 가장 짧은 것입니다. 즉 그림자가 정남향에 있을 때 그 길이가 가장 짧은 때로부터 시작해

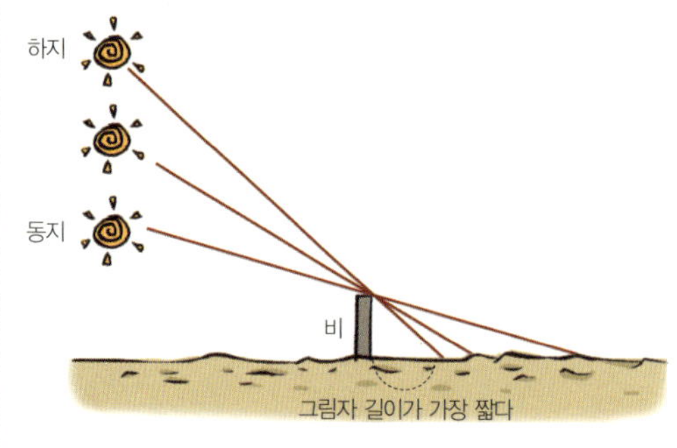

서 다시 가장 짧을 때가 되면 일 년이 지난 것입니다.

이런 방법으로 중국 춘추전국시대 때 일 년의 날 수를 세어 보니 약 365일과 $\frac{1}{4}$일이었습니다.

　동양에서는 달의 모양이 변하는 것을 보고 달력을 만들었습니다. 이것을 음력 또는 태음력이라고 합니다.

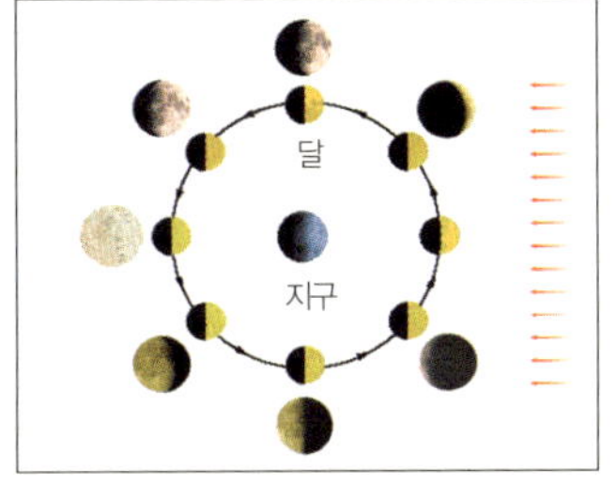

◀ 달의 공전에 따른 모양 변화
(출처 「천문노트」)

　음력은 달이 지구 주위를 한 바퀴 도는 시간을 기준으로 해서 한 달을 정하는 것입니다. 즉 달의 모양이 초승달에서 다시 초승달이 되는 데 걸리는 날 수, 즉 주기인 약 29.53059일을 삭망월이라고 하는데 이것을 기준으로 한 달의 길이를 29일 또는 30일로 정한 것입니다.

　그런데 음력은 계절의 변화와 맞지 않아서, 농사 짓는 사람들에게 불편합니다. 계절의 변화는 태양과 관계가 있습니다. 그래서 음력에 입춘, 경칩, 하지, 동지 등 24절기를 따로 기록해야 합니다. 이렇게 24절기를 넣기 위해서는 태양을 기준으로 한 일 년의 날수와 12삭망월의 날수를 맞추어야 했습니다. 삭망월로 12달은 실제 태양 주기인 일 년과 약 10.8 일 차이가 납니다.

12 삭망월 날수 : 약 29.53059일×12＝약 354.4308일

1 태양년 날수 : 약 365.24219일

고대 동양의 왕들은 스스로 하늘의 아들이라고 했는데, 날수를 맞추지 않아서 가령 같은 2월인데도 여름이 되었다가 겨울이 되었다가 하게 되면, 하늘의 일을 잘 모르는 것으로 여겼기 때문에 태양 주기인 일 년의 날수와 달 주기의 날수를 맞추는 것을 아주 중요하게 생각했습니다. 일 년의 날수를 맞추기 위해서 여분의 날, 달, 해를 삽입하는 데 윤일, 윤달, 윤년 등을 이용합니다.

삭망월로 12달의 날수와 태양 주기인 일 년의 날수가 일 년에 약 10.8 일의 차이가 생긴다고 했는데, 삼 년이면 약 한 달 좀 넘게 차이가 납니다. 그리고 19년이면 일곱 달 정도 차이가 납니다. 그래서 정한 것이 19 년 7윤법입니다. 19년 동안 일곱 개의 윤달을 넣는 방법이지요.

왜 하필 19년이냐구요? 앞에서 말했듯이 19는 땅의 마지막 수 10과 하늘의 마지막 수 9를 더한 아주 좋은 수라고 생각한 것입니다. 이렇게 하면, 19년 동안의 삭망월의 수는 235달(19년×12삭망월+7개 윤달)입니다.

19 태양년＝365.24219일×19년＝6939.6017일

235 삭망월＝29.53059일×235달＝6939.6822일

위의 삭망월과 태양년의 날수는 지금의 것으로 계산했지만, 19년 7윤
법은 중국 춘추전국시대에 만들어진 것입니다. 어때요. 태양년과 삭망월
의 날수가 아주 비슷하게 맞춰졌지요. 하지만 이것도 대략의 값이며, 세
월이 많이 흐르면 또 조정해야 합니다. 이 차이를 조정하기 위해 왕들은
끊임없이 노력했고, 그때마다 새로운 달력을 만들었습니다. 달력을 만드
는 원리를 역법(曆法)이라고 합니다.

중국에서 만들어진 역법은 100여 가지나 된다고 합니다. 대표적인 몇
가지 역법의 일 년 길이는 다음과 같습니다.

사분력 : 기원전 춘추전국시대 365.2500일

원가력 : 445년에 남북조시대 남조 송나라 하승천의 365.24671일

대명력 : 463년에 남북조시대 남조 송나라 조충지의 365.2428일

선명력 : 822년 당나라 서앙의 365.2446일

수시력 : 1281년 원나라 곽수경의 365.2425일

시헌력 : 1644년 청나라 탕약망의 365.2422일

역법에는 일 년의 월, 일, 요일, 24절기, 행사일,
일식, 월식, 해가 뜨고 지는 때, 달이 차고 이지러
지는 때 등을 정하는 법이 모두 포함됩니다. 이때
가령 일식이나 월식 등을 미리 알아내는 일이 중요
했으므로, 상당히 복잡한 계산이 필요했습니다.

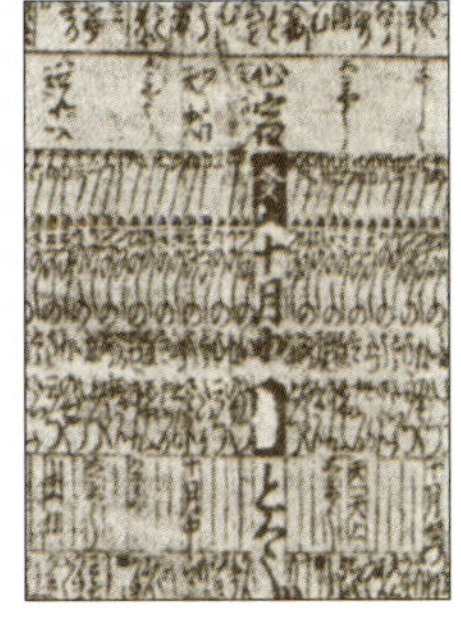

「선명력」(부분)

현재의 달력은 어떻게 만들어졌을까?

서양에서도 달력의 일 년 날수를 맞추려고 노력했습니다. 서양에서는 태양의 주기를 어떻게 12달로 잘 나눌 수 있을까를 고민했습니다. 고대 이집트에서 누군가가 나일 강이 넘치는 시기가 매년 규칙적으로 되풀이된다는 것을 깨닫고, 그 주기를 살펴보았더니 약 365일과 $\frac{1}{4}$ 일이었습니다. 이렇게 해서 이집트 인들은 365일과 $\frac{1}{4}$ 일을 일 년으로 정했습니다.

양력은 이 일 년의 날수를 12달로 적당히 나눠서 달력을 만든 것입니다. 우선, 한 달의 날수가 30일과 31일이 되도록 적당히 나누어서 365일에 맞추었습니다. 그러니까 일 년에 $\frac{1}{4}$ 일씩이 남게 됩니다. 이것을 모아서 1,460년마다 일 년을 더 두기로 했습니다. 하지만 이렇게 한꺼번에 남는 날수를 몰아넣었더니, 계절과 날짜가 매번 달라졌습니다.

이 차이를 계속 조정하여 지금은 2월을 28일로 하고 4년마다 한 번씩 2월을 29일까지 두는 것으로 정해졌습니다. 이것을 윤달이라고 하고 윤달이 있는 해를 윤년이라고 합니다. 그래서 2월 29일이 생일인 사람은 생일을 사년마다 한 번씩 맞이하게 됩니다.

하지만 이렇게 하다 보니 윤년이 너무 많아져서 로마 교황 그레고리우스는 다음과 같이 정했습니다.

서기 연도가 4로 나누어떨어지는 해 중에서
100으로 나누어떨어지지만
400으로는 나누어떨어지지 않으면 평년으로 한다.

평년은 2월이 28일까지 있는 해로, 예를 들어 1900년, 2100년 등은 평년입니다. 이것은 현재 우리가 사용하는 달력인 '그레고리력'인데, 2만 년에 하루 정도 오차가 생긴다고 합니다.

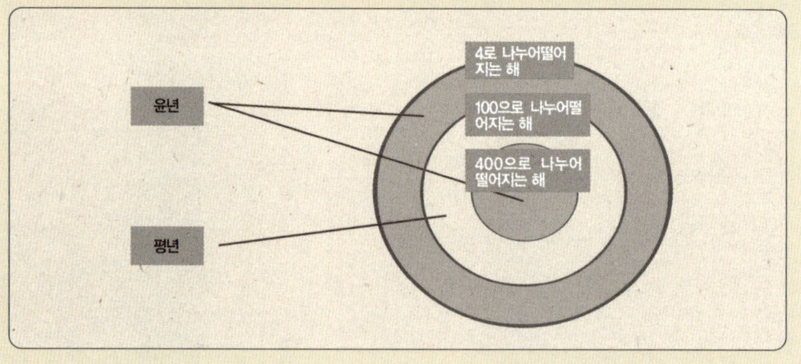

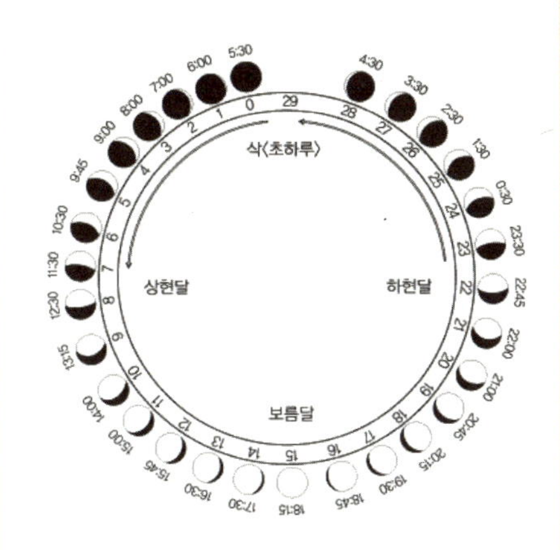

(원의 안쪽의 숫자는 음력의 날짜이고, 바깥쪽의 숫자는 달이 뜨는 대략의 시각입니다.)

음력은 한 달의 날수를 적은 달일 때는 29일, 큰 달일 때는 30일로 정하고, 그것을 번갈아가면서 적용한 12개
월을 1년으로 삼은 달력입니다. 이렇게 따지면 1년은 대략 354일이 됩니다.
음력에서 1일(초하루)은 위의 그림에서 보는 바와 같이 달이 삭이 되는 때입니다.
보름달이 떴다면 그날은 15일입니다.
위의 그림을 보면 달이 뜨는 시각으로도 음력의 날짜를 알 수 있습니다.
만약 오후 6시 15분(18시 15분)에 달이 떴다면 음력으로 15일이라는 것을 알 수 있죠.

06

옛날의 천문 관측 역사를 알아보자

　산학은 삼국시대로부터 시작해서 조선시대에 이르기까지 크게 두 가지 분야에서 가르쳐졌습니다. 첫째는 세금에 관계된 계산법이나, 농지 측정에 관련된 계산법 등 기술관리가 되는 분야입니다. 둘째는 천문, 역수, 기상예보, 점복에 관계된 분야입니다.

　특별한 자연 현상들을 하늘의 신과 연관시켜서 생각하던 고대인들은 비가 오면 하늘이 슬퍼서 눈물을 흘리는 것이고, 번개가 치면 하늘이 나쁜 사람을 벌하려 한다고 생각했습니다.

　동양의 옛 나라들에는 하늘의 뜻에 따라 나라를 다스린다는 천명사상이 있었으므로 당연히 이런 자연의 변화에 민감할 수밖에 없었습니다. 특히 태양이 가려지는 일식을 하늘이 진노한 것이라고 믿었고, 나라에

좋지 않은 일이 일어날 불길한 징조라고 두려워했습니다. 그래서 역대 왕들은 일식에 관한 정확한 정보를 미리 얻기 위해 하늘의 변화를 관측하고 예측하는 일과, 그것을 해석하는 일을 대단히 중요하게 생각했습니다. 이런 변화와 예측을 위해서는 산학이 필요했기 때문에 왕들은 앞에서 말한 산학을 가르친 둘째 분야를 중요시했습니다.

중국의 기록에 따르면 하나라 때 다음과 같은 일이 있었다고 합니다.

하늘의 변화를 미리 알아내지 못해서 왕이 하늘에 용서를 빌 기회를 놓치게 했다는 이유입니다. 일식을 예측하면 미리 하늘에 용서를 빌 수 있고, 그러면 하늘이 벌을 내리지 않았을 것이라는 생각을 했던 것입니다. 만약 예측이 빗나가서 일식이 일어나지 않으면 왕의 정성에 하늘이 은혜를 베풀었다고 안심했습니다.

옛날에는 이 어려운 일식의 계산을 과학적인 방법으로 예보하고는, 그 해석은 미신적으로 한 것입니다.

한국에서도 삼국시대 이전부터 천체와 기상 현상에 대해 깊은 관심을 가졌는데 중국의 역사책에 이 같은 사실이 소개되어 있습니다. 가령 옛 부여에서는 기후가 좋지 않은 것을 왕의 책임으로 돌려서 왕을 물러나게 한다든지 살해하기도 했다는 내용이 있습니다. 또한 부여와 고구려 지역에 분포하던 종족으로 주로 동부지역에서 활동하는 부족 중 하나였던 예족이 별의 운행을 살펴서 풍년과 흉년을 예측하였다는 내용 등이 있습니다.

일식이 일어나는 이유가 밝혀진 지금도 일식은 신기한 현상으로 여겨집니다. 그래서 세계 어디라도 일식을 잘 관찰할 수 있는 곳에는 관광객들이 몰려듭니다.

일식은 달이 태양과 지구 사이에 들어와서 지구에서 볼 때 태양이 달에 완전히 또는 부분적으로 가려지는 현상을 말합니다.

해가 완전히 가려지는 것을 개기일식이라고 하고 부분적으로 가려지는 것을 부분일식이라고 합니다.

일식이 일어날 날짜를 계산하려면 복잡한 수학 계산이 필요합니다. 가령, 태양과 달이 언제 다시 만나는지를 구해야 하는데, 그것을 구하려면 태양과 달의 주기를 알아야 하고, 그 외에도 복잡한 계산들이 있습니다.

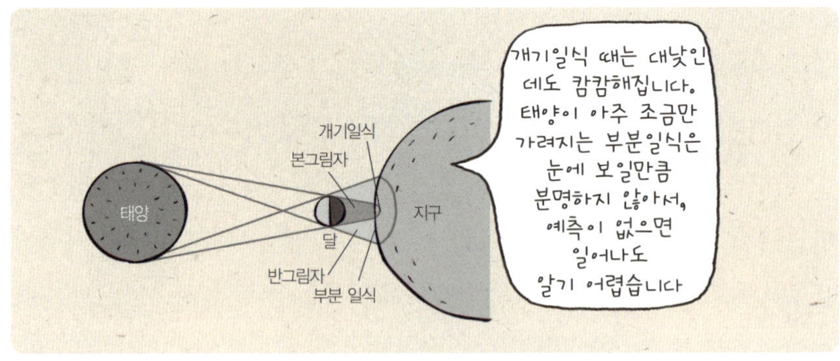

개기 일식과 부분 일식이 일어날 때

수학 지식은 이처럼 천문 활동과 관련된 어려운 계산을 하는 데 꼭 필요하므로 중요하게 생각되었습니다.

전쟁을 멈추게 한 탈레스의 일식 예언

고대 서양에서도 일식에 대한 생각은 동양에서와 마찬가지였습니다. 고대 그리스인들도 대낮에 태양이 가려지는 것을 신이 화가 났다고 생각하거나, 무서운 일이 일어날 징조라고 생각해서 매우 두려워했습니다.

그러나 위대한 수학자 탈레스(B.C.624경~B.C.546경)는 달랐습니다. 태양과 달의 움직임을 비롯해서 과거에 일식이 일어났던 기록들을 자세히 조사하고는, 일식이 규칙적으로 일어난다는 것을 발견했습니다. 그러고는 앞으로 있을 일식을 예언했습니다.

탈레스가 예언한 일식은 지금으로부터 약 2,600년 전인 기원전 585년 5월 28일에 있었던 개기일식입니다.

그 당시에 메디아와 리디아라는 두 나라가 전쟁 중에 있었는데, 탈레스는 두 나라 왕에게 "5월 28일까지 전쟁을 멈추지 않으면 신이 진노해서 대낮에 세상이 컴컴해질 것이다."라고 겁을 주었습니다. 실제로 바로 그날 일식이 일어났고 왕들과 군인들은 놀라서 전쟁을 멈췄습니다.

남들이 우연이나 미신을 생각할 때, 탈레스는 관찰하고 생각해서 일식이 일어날 날을 계산할 수 있었던 것입니다. 물론 사람들은 여전히 신의 진노라고 생각했겠지만요!

우리나라에서는 개기일식을 언제 관찰할 수 있을까?

지난 2008년 8월 1일에 캐나다 등에서 선명하게 관찰된 개기일식은, 우리나라에서는 저녁 7시경에 부분일식으로 관찰되었습니다. 우리나라에서는 개기일식이 지난 1887년 8월 19일에 있었고, 다음은 2035년 9월 2일로 북한의 평양과 원산 지역에서 선명하게 관찰할 수 있을 것이라고 합니다.

우리는 언제부터 일식을 관측했을까?

고구려, 백제, 신라에서 일식을 관측한 사실은 고려 때 편찬된 역사책 『삼국사기』＊에 나와 있습니다. 안타깝게도 삼국시대나 통일신라시대에 만든 역사책은 한 권도 남아 있지 않습니다.

『삼국사기』외에는 책이 남아 있지 않기 때문에 "삼국의 일식 기록은 없었는데, 김부식이 중국의 옛 일식 기록을 베껴 적고는 마치 삼국시대에 관측했던 것처럼 조작했다."고 말하는 사람도 있습니다. 하지만 다음과 같은 사실을 보면 『삼국사기』의 기록은 중국의 것을 베낀 것이 아니라는 것을 알 수 있습니다.

(1) 만약 삼국의 일식 기록이 중국 것을 베낀 것이라면, 중국, 고구려, 백제, 신라의 기록이 모두 같아야 합니다. 그런데 『삼국사기』에는 삼국에 공통된 일식 기록이 다음 두 경우뿐입니다.

❶ 신라 지마 13년 9월 경신일, 그믐과 고구려 태조 72년 9월(A.D.124)

❷ 백제 개루왕 38년 1월 병신일, 그믐과 고구려 차대왕 20년 1월 병신일, 그믐

　(2) 하늘을 두려워했던 당시 역사가는 천문 기록을 마음대로 옮겨 적거나, 원본에 없는 기록을 넣는 일은 생각도 못했을 것입니다. 더구나 김부식이 『삼국사기』를 편찬할 당시에는 중국 역사책을 거의 모두 볼 수 있었으므로, 만약 베낀 것이라면 중국 역사책에는 없는 다음과 같은 일식 기록이 『삼국사기』에 나올 리가 없습니다.

신라 첨해왕 10년(A.D. 256년)

　(3) 삼국의 일식 기록(신라 29회, 고구려 11회, 백제 26회)은 중국의 기록보다 훨씬 적고, 일식을 기록한 시간의 간격이 불규칙합니다. 심지어 수백 년간의 공백도 있습니다. 김부식이 『삼국사기』를 쓸 때쯤은 일식의 주기에 관한 지식이 충분해서 조작했다면 이런 공백을 두지는 않았을 것입니다.

중국			한국		
기간	왕조	건수	기간	왕조	건수
B.C.206~A.D.220	한	140	B.C.57~A.D.220 B.C.37~A.D.220 B.C.18~A.D.220	신라 고구려 백제	18 9 8
A.D.221~418	위진	83	A.D.221~418	신라 고구려 백제	1 1 9
A.D.419~588	남북조	109	A.D.419~588	신라 고구려 백제	0 1 8
A.D.589~617	수	15	A.D.589~617	신라 고구려 백제	0 0 1
A.D.618~907	당	102	A.D.618~907 A.D.618~668 A.D.618~663	신라 고구려 백제	9 0 0
A.D.907~960	오대	26	A.D.907~935	신라	1

◀ 『삼국사기』와 중국 역사책의 일식 건수 비교표

고구려의 일식 기록

『삼국사기』에는 고구려에 관한 다음의 기록이 있습니다.

(고구려는) 나라를 세울 때부터 문자를 사용하였고 역사책을
엮어서 『유기』라고 불렀으며 그 수는 100권을 헤아렸다.

고구려의 일식 기록 11개 중, 마지막 554년의 기록을 제외한 10개는
114~273년의 것이었습니다. 고구려의 일식에 관한 다음과 같은 기록이
있습니다.

(1) 일식을 관측하여 하늘의 꾸지람으로 여
겼는데, 『삼국사기』에 다음과 같이 기록되어
있습니다.

차대왕 20년 봄 정월 그믐에 일식이 있었다. 3월, 태조대왕
이 별궁에서 죽었다. 나이가 119세였다. 겨울 10월, 연나 조의
명림답부가 백성들이 견디지 못하므로 왕을 죽였다. 왕호를 차대왕
이라고 하였다.

태조대왕의 뒤를 이어 왕이 된 차대왕이 죽임을 당한 것에 대해 일식의 경고를 듣지 않았기 때문이라고 말하는 것입니다.

(2) 한반도에서만 관측이 가능한 일식을 정확히 기록하고 있습니다. 태조 64년(116)에 일어난 일식에 관해 중국 『후한서』「오행지」에서 다음과 같이 기록하고 있습니다.

즉 중국의 사관은 보지 못한 것을 고구려 요동으로부터 들어서 알게 된 것입니다.

포악한 왕 차대왕을 벌한 하늘?

차대왕은 태조왕의 동생으로 태조왕의 뒤를 이어서 76세에 왕이 된 사람입니다. 그는 용기가 있지만 어질지 못한 사람이라고 기록되어 있습니다.
왕이 되자 태조왕의 충신을 고문하고 곤장을 쳐서 죽이는가 하면, 태조왕의 맏아들인 막근을 죽였습니다. 그러자 막근의 동생 막덕은 두려워서 스스로 목숨을 끊었고, 차대왕의 이복동생인 백고는 산속으로 도망을 갔습니다.
차대왕의 계속된 포악한 행동과 함께 몇 번의 일식과, 겨울에 얼음이 얼지 않고, 여름에 서리가 내리고, 천둥이 치고 지진이 일어나고, 혜성이 나타나는 등 천재지변이 되풀이되자 사회가 불안해졌습니다. 결국 165년 10월에 연나 조의 명림답부가 차대왕을 죽였습니다. 그리고 차대왕의 이복동생인 백고가 제8대 신대왕이 되었습니다.
신대왕 때 명림답부는 나라에서 가장 높은 벼슬아치가 되었습니다. 그는 나라를 위해 살다가 죽었다고 합니다.

백제의 일식 기록

기원전 13년부터 서기 592년 사이 백제의 일식 기록 26개는 비교적 고르게 나타나 있습니다. 이 가운데서 주목해서 볼 것은 478년에 일어난 일식 날짜에 대한 백제와 중국의 기록이 다르다는 것입니다.

이것은 백제 쪽의 기록이 맞습니다. 또 백제에서 기록한 다음 일식은 한반도에서는 똑똑히 볼 수 있었지만, 중국에서는 관측이 어려운 일식으로, 당시의 중국 기록에는 없습니다.

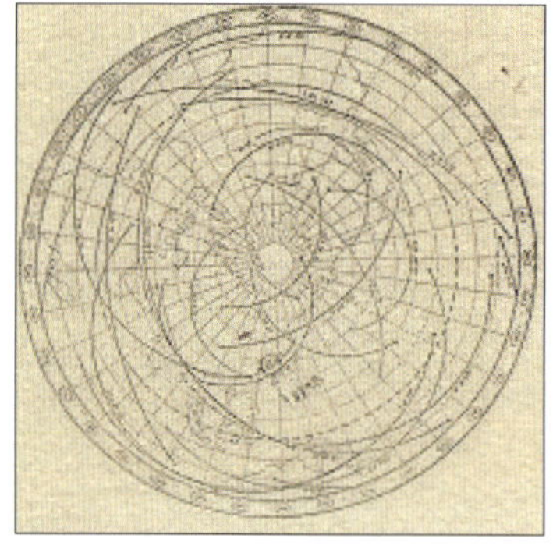

위덕왕 19년 9월 경자 초하루(572년)

이 일식이 실제로 있었다는 것은 오폴처의 표를 통해 알 수 있는데, 이것은 백제가 독자적으로 천문을 관측했다는 것을 보여주는 증거입니다.

오폴처의 표 : 오스트리아 천문학자였던 오폴처가 만든 것 기원전 1208년부터 기원후 2161년까지의 8,000회의 일식 계산 자료를 포함

그런데 신라의 일식 기록에는 부자연스러운 부분이 보입니다. 일식 기록과 관련해서 신라의 역사를 다음과 같이 3기로 나누어 봅시다.

제1기_ 혁거세 4년~첨해왕 10년(B.C.54~A.D.256) : 일식 기록 19번

* 16~124년과 201~256년 사이에 공백기가 있다.

제2기_ 첨해왕 11년~원성왕 2년(A.D. 257~786) : 일식기록 없음

* 무려 528년 동안 일식 기록이 전혀 없다(676년 삼국통일).

제3기_ 원성왕 3년~효공왕 15년(A.D. 787~911) : 일식기록 10번

위의 제1기 300년 동안에 19회의 일식 기록이 있는데, 첨해왕 10년에 있었던 일식을 제외하고는 18회 모두 중국 『한서』, 『후한서』의 기록과 월, 일까지 완전히 일치하고 있습니다. 또 일식 기록이 불규칙한 것도 이상합니다. 정말 김부식이 『삼국사기』를 쓸 때 조작한 것일까요?

신라의 일식 기록은 외부에서 얻은 정보를 기록한 것이라고 생각할 수 있는데, 그 정보원은 한반도 북부에 있던 낙랑으로 생각됩니다.

낙랑에는 천문 관측을 했던 흔적이 있고, 천문에 밝은 학자가 있었다

는 기록이 있습니다. 낙랑시대의 문화 유산이 신라의 경주 지방에서 출토된 것을 보면, 신라와 낙랑 사이에 밀접한 교류가 있었을 것입니다. 그러니까 신라가 국사를 편찬할 무렵인 545년쯤에 낙랑의 기록을 옮겨 적은 것일 수도 있습니다.

이렇게 보면 제1기의 일식 기록이 중국과 일치하는 이유를 설명할 수 있으며, 제2기는 낙랑이 멸망할 무렵이므로 이때 공백기가 있었던 이유도 설명할 수 있습니다. 즉 신라의 일식 기록은 김부식이 나중에 조작한 것이 아니라 신라인의 손으로 기록한 것이 맞습니다.

신라는 삼국을 통일한 이후인 제3기 787년부터 비로소 독자적인 관측 기록을 할 수 있었던 것으로 보입니다.

비극으로 끝난 호동왕자와 낙랑공주의 사랑

낙랑공주와 호동왕자의 사랑 이야기를 들어보셨지요?
중국 한나라는 한반도 서북부 지역에 낙랑, 임둔, 진번, 현도의 4군을 설치했습니다. 낙랑은 기원전 108년부터 서기 313년 고구려에 병합되기까지 420여 년간 지속되었습니다.

고구려의 호동왕자와 낙랑공주는 서로 사랑했지만, 당시 고구려는 중국 한나라가 세운 낙랑을 몰아내고 옛 영토를 되찾을 준비를 하고 있었습니다. 그런데 낙랑에는 적군이 쳐들어오면 스스로 울리는 북과 나팔이 있었습니다. 낙랑공주는 호동왕자를 위해서 이 북을 찢어버리고 나팔을 부쉈습니다.
낙랑공주는 이 때문에 아버지로부터 죽임을 당하고, 호동왕자는 자기 아들을 왕위에 앉히려는 계모의 계략에 의해 억울한 누명을 쓰고 결국 스스로 목숨을 끊고 만다는 이야기입니다.

고려 _과학적인 관측과 미신적인 해석

일식을 관측했던 고구려와 백제, 통일신라 초기에 이미 역법에 관한 일을 맡은 관리가 있었습니다.

하지만 한반도에 정식으로 천문* 제도가 만들어진 것은 통일신라 말기인 822년 전후입니다. 이때 당나라의 제도를 따른 천문 관청을 두었고, 정식으로 천문 관리를 키운 것으로 보입니다.

고려는 초기에 통일신라의 천문 제도를 거의 그대로 이어받았습니다.

천문 관리의 일은 천문을 정확히 예보하는 것이었는데, 해와 달의 궤도가 만나는 날(입교정일), 일식 또는 월식 등을 계산하였습니다. 그래서 천문 관리를 뽑을 때는 능력이 가장 중요했기 때문에, 실력만 좋다면 출신이나 경력에 상관없이 특별히 채용하기도 했습니다. 하지만 일에 태만하거나 능력이 부족한 사람은 쫓아버렸습니다.

고려는 475년 동안에 132회의 일식, 5회의 월식, 기타 혜성이나 유성, 태양의 흑점, 별자리의 운행, 이상 기후 현상에 관한 면밀한 기록을 남긴 것을 비롯하여 천문도를 제작하고 천문 관측대를 설치하는 등 천문학에 상당한 발전을 이루었습니다.

『고려사』에는 다음과 같은 기록이 있습니다.

태사감 시중 이시황이 바람과 구름, 홍수와 가뭄을 오래 관찰하였고 그 변화를 포착하고 그것에 대해 고찰하였다. 그를 뽑아 8품을 주었다.

고려와 당나라의 천문 관리 수 비교

그러나 고려의 천문학은 과학적인 면보다는 미신적인 면에 더 관심을 기울인 것으로 보입니다. 이것은 천문에 관계된 당나라와 고려의 관리의 수를 살펴보면 알 수 있습니다.

과학적인 성과가 드러나는 누각(물시계)을 포함한 천문과 역법에 관계된 관리의 수에서 고려와 당나라가 차이가 많이 납니다. 그런데 미신적인 면이 드러나는 음양을 맡아보던 관리의 수는 차이가 크지 않습니다.

천문 관리들은 천체 관측 결과를 미신적으로 해석해서 정치에 간여하기도 했습니다. 『고려사』를 보면 평소와 다른 천체 운행이나 하얀 무지개, 특정 방향(서북쪽)에서 오는 폭풍우, 짙은 안개 등은 하늘이 전쟁이나 민란 등의 위험을 경고하는 것으로 여겼고, 천문에 관계된 일들을 맡은 태사국에서는 그 때마다 왕에게 몸가짐과 행동을 조심할 것을 권하고, 죄수를 석방하거나, 진행하던 일을 중지하게 하거나 심지어 관리의 밀린 봉급을 지불할 것 등을 건의했던 기록이 있습니다.

하늘을 자세히 관찰하여 천문도를 작성하는 과학적 활동을 하는 천문 관리까지도 별의 변화나 화재, 심지어 물고기떼가 죽은 것까지도 왕조의 길흉과 관련하여 해석하려고 했습니다.

고대 메소포타미아, 이집트, 중국 등 세계 각 나라에서는 해, 달, 별, 행성의 빛깔이나 위치 등을 보고 개인과 국가의 운명을 점쳤습니다. 중국이나 우리나라의 왕들은 이와 같은 분야를 하나의 학문으로 여겨서 관청을 두고 연구하게 했는데, 통일신라시대에는 관상감, 고려시대는 태사국과 태복감, 조선시대에는 서운관에서 천문과 지리 등을 바탕으로 나라의 여러 가지 일을 점치게 했습니다.

고려는 초기부터 독자적인 천문 활동을 계속해 왔는데, 예를 들면 공민왕 6년(1357)에 있었던 일식은 중국과 일본 어디에도 나타나지 않은 독자적인 기록입니다.

고려시대 때 중국에서는 역법을 여러 번 바꾸었습니다. 고려에서는 이런 많은 역서를 비교 검토하여 역법을 바로잡기 위해 노력했으며, 정식 역법으로 초기에는 당나라의 선명력, 말기에는 원나라의 수시력을 사용했습니다. 하지만 수시력을 이용한 일식 계산법은 아직 익히지 못해서 고려말에도 일식 계산만큼은 선명력의 계산법을 사용하였습니다.

고려의 천문 역관은 비교적 간단한 월식과 날을 계산하는 데에도 번번이 실수했다는 기록이 『고려사』에 있는데, 다음과 같습니다.

현종 15년(1024) 5월 정해 초하루, 태사국에서 아뢰기를, 마땅히 일식이 있어야 할 것인데 하지 않았다고 하였다. …… 11월 을유 초하루에 태사국에서 아뢰기를, 마땅히 일식이 있어야 할 것이나 일어나지 않았다고 하였다.

현종 21년(1030) 2월 무진일에 월식이 있을 것이라는 보고가 있었으나 일어나지 않았다. 4월 을유, 왕이 분부하기를, 지난해 12월이 송나라의 달력으로는 30

일인데 우리나라 태사가 올린 달력에는 29일로 되어 있고, 또 올해 정월 15일에 일식이 있을 것이라고 보고하였는데 일어나지 않았다. 이것은 반드시 역법의 계산 기술이 모자라기 때문이다.

인종 21년(1143) 12월 계미일, 일식이 일어날 것을 태사국에서 아뢰었으나 나타나지 않았다.

충렬왕 15년(1289) 3월, 경진 초하루 일식이 있었으나, 일관이 예보하지 않았기 때문에 유사의 탄핵에 의해 처벌하였다.

한편, 중국에서 예보된 일식을 고려에 알려온 기록이 있습니다.

충숙왕 7년(1320) 정월 신사 초하루, 원나라에서 일식이 있을 것이라고 알려 왔기 때문에 새해를 축하하는 의식을 중지하고 백관은 소복 차림으로 (일식을) 기다렸으나 일어나지 않았다.

원나라 기록에는 이달 일식이 있었기 때문에 황제는 처소를 청결하게 하고 먹는 것을 줄이고 하례받는 것도 중지하였다고 적혀 있습니다.

공민왕 원년(1352) 4월 계묘 초하루에 원나라에서 일식이 있을 것이라고 알려 왔으나 일어나지 않았다. …… 2년(1353) 9월 을축 초하루에 원나라에서 일식이 있을 것이라고 알려 왔으나 일어나지 않았다.

　사실 일식이 일어나도 위치에 따라 어느 지역에서는 일식을 선명하게 관찰할 수 있고 어느 지역은 그렇지 못합니다. 위의 기록처럼 중국에서 일어난 일식을 고려에서는 관측할 수 없기도 합니다. 중국과 한국은 위치가 다르기 때문에 중국의 역법을 그대로 가져와서 사용하면 오차가 생기므로, 수정하고 보완해야 합니다. 고려시대에 고려 천문관의 힘으로 『수시력첩법입성』을 만들어졌는데, 이 책은 수시력의 계산에 필요한 수표를 만든 것으로 고려에 수준 높은 천문학자가 있었다는 사실을 보여줍니다.

　하지만 이 책에는 수시력에 들어 있는 사차방정식(숫자 계수)의 계산에 관한 것은 빠져 있습니다. 조선시대의 정인지는 고려 말의 천문관들이 고차 방정식조차 해결하지 못했다고 다음과 같이 얕보고 있습니다.

충의왕에 이르러 원나라의 수시력으로 바꾸어 썼으나, 고차 방정식을 푸는 방법이 전해지지 않아서 일식과 월식에 관한 것은 여전히 선명력을 따랐다. 따라서 실제의 천체 현상과 맞지 않았다. 천문관은 앞뒤의 수치(천문 계수)를 대강 맞추어 셈한 정도였다.

세종대왕은 '나라 말씀이 중국과 달라 한자로 서로 통하지 않으니……' 라고 하며 한글을 발명한 것과 마찬가지로 역법에 관해서도 다음과 같이 말했습니다.

중국과 한국은 지리적으로 차이가 있어서 중국인의 역법책을 그대로 받아들이는 것은 불합리하다.

그리하여 세종대왕은 선명력과 수시력의 역법 차이를 비교 검토하고 우리와 맞지 않는 점을 고치고, 또한 아라비아의 천문학을 연구하라고 명령하였습니다.

이에 따라 세종 14년(1432) 천문기기를 일일이 만들며 연구하기 시작하였습니다. 그 결과 역법을 만드는 데 필요한 천문기기를 완성했고, 이 천문기기들을 이용해서 세종 26년(1442)에 우리 실정에 맞는 역법인 『칠정*산 내편』과 『칠정산 외편』을 편찬하게 되었습니다. 이 덕분에 조선시대에는 한양을 중심으로 한 천체운동을 보다 정확히 예보할 수 있게 되었습니다.

* 칠정 : 해, 달, 목성, 화성, 토성, 금성, 수성

천문에 관해서는 칠정의 법을 따르고 중외(中外)의 관성(官星)의 거극도*와 8수*를 정확하게 파악하고, 28수*에 대해서는 각각 수도* 및 거성*을 분명히 밝혔다. 12차*의 별 전체의 도수는 수시력에 따라 바르게 관측하여 종래의 잘못을 바로잡고 석판으로 간행하였다.

역법은 『대명력』·『수시력』·『회회력』·『통궤』 등을 대조·비교하여 교정을 거친 후에 『칠정산 내외편』을 편찬하였다. ……

그래도 만족하지 않고, 부족함을 메우기 위해서 천문·역법·혼의*와 혼상*·귀루* 등에 관하여 여러 전기류를 섭렵하여 조사하였다(이순지, 『제가역상집』의 서문).

◀ 소간의를 이용한 거극도 측정

수시력에 대통력의 장점을 더하고, 보완한 것으로, 17세기 일본 역산 가들은 이 책을 경전처럼 생각하고 연구했습니다.

이 책의 마지막 부분에는 한양을 중심으로, 동지 및 하지부터의 일출과 일몰, 밤낮의 시각 일람표가 실려 있습니다. 동지를 일 년의 시작점으로 삼고 있으며, 주천(周天)의 도수(度數)를 365도 25분 75초로 정하고, 일 년의 길이를 365.2425일로 하고 있습니다.

『칠정산 외편』

아라비아의 역법인 회회력법을 해설한 것으로 다섯 권으로 되어 있습니다.

조선 중기에도 일식 관측은 계속되었다

천문학은 왕의 권위를 위해 꼭 필요했기 때문에 왕의 비호를 받았습니다. 왕조의 정통성을 유지하기 위해서 동양의 역대 통치자들은 기회가 있을 때마다 정통성을 상징하는 천문제도를 정비하는 일에 관심을 기울였습니다.

조선은 건국 초기부터 일식을 관측했는데 태조 때 2회를 비롯하여, 정종 1회, 태종 3회, 세종 11회, 문종 1회, 단종 1회, 세조 4회, 예종 1회, 성종 3회, 연산군 4회, 중종 6회, 명종 6회, 선조 16회, 광해군 6회, 인조 17회 등으로 이어집니다.

치세 기간이 그만큼 길었기 때문이기도 하지만, 외적의 침략을 겪은 선조(1568~1608)와 인조(1623~1649) 때에 오히려 많은 기록을 남겼다는 것은 나라가 어려울수록 하늘의 뜻을 알고자 하는 열망과 필요가 더 강해졌기 때문이라고 생각할 수 있습니다.

1 역대 왕들이 일식 예보를 위해 노력을 아끼지 않은 이유는 무엇이었을까?

2 세종이 한글을 창제한 것과 천문을 정비한 공통 이유는 무엇이었을까?

07

옛날의 천문대와 천문기기는 어떤 것이 있었을까?

　조선시대 세종대왕은 당시에 중국과 마찰을 일으킬 위험도 무릅쓰고 여러 천문기기를 만들었습니다. 당시 중국 황제는 하늘의 아들, 즉 천자로서 하늘과 친하다는 뜻을 알리기 위해 하늘의 변화에 큰 관심을 갖고 있었으며, 천문기기는 과학적인 도구이면서도 황실 권위의 상징이기도 했습니다. 그래서 이런 천문기기를 외부에 공개하지 않았을 뿐만 아니라 아무도 만들지 못하게 했습니다.

　따라서 만일 누군가 황실의 허락 없이 천문기기를 연구하거나 달력을 만들었다고 하면 그것을 만든 사람을 천자가 되려는 뜻을 품은 사람으로 여겨서 사형에 처하기도 했습니다.

　중국 황실의 입장에서 조선은 중국에 종속되는 나라로 그저 중국 황제가 하사하는 역법을 감사히 받아 써야 할 존재였습니다. 조선이 스스로 만든 천문기기를 가지고 있다는 것은 중국의 황실을 넘보는 반란으로까지 여겨질 수 있었던 일이었습니다.

　그럼에도 불구하고 세종대왕은 감히 천문기기를 하나씩 제작하기 시작했습니다. 이것은 우리에게 맞는 역법을 만들고자 하는 세종대왕의 자주성을 보여줍니다.

　세종대왕은 조선 땅은 조선왕이 책임지고 다스려야 한다고 믿었습니다. 중국과 기후 조건이 다른 조선은 조선에 맞는 농사법이 있어야 합니다. 언어도 마찬가지입니다. 세종대왕이 한글을 창제한 이유는 바로 '우리나라 말이 중국말과 달라서 한자로는 서로 통하지 않기' 때문이지요.

　또한 세종대왕은 음악이나 문화에 있어서도 우리의 정서에 부합되는 것을 중요시하는 자주성을 보여주었습니다. 이와 동일한 사고의 연장선

상 안에서 조선의 산학제도는 신라와 고려의 그것이 당나라의 제도를 기본으로 삼았던 것과는 달리 독특한 조선적인 성격을 가지게 되었던 것입니다.

세종대왕은 조선의 하늘은 중국의 것과 다른데 조선에서 중국의 것을 그대로 가져다 쓴다는 것은 답답한 일이라고 생각했습니다. 중국과 다른 고유의 하늘을 가진 조선의 하늘을 알려면 우리 자신의 천문기기가 있어야 한다고 믿었던 것입니다. 세종대왕의 이러한 생각을 요즘말로 하면 '신토불이'*라고 표현할 수도 있겠지요.

천문기기들은 천체의 움직임을 보여주는 천체 모형이라고 할 수 있습니다. 중국 역법의 계산 방법을 이용하되, 그것을 우리나라에 맞도록 수정하고 보완할 때 이런 모형들을 이용한 것입니다. 여기서는 시대별 천문대와 조선시대의 천문기기를 알아봅시다.

"국가의 자존심을 살리고, 왕실의 권위를 높이는 동시에 하늘을 감동시킬 수 있는 일이 없을까?" 하고 선덕여왕은 고민했습니다.

"음, 우리나라가 하늘의 보호를 받고 있고, 왕실이 하늘과 친하다는 것을 널리 알리기 위해서 천문대를 만들어야겠다. 천문의 비밀을 담아서 정성스럽게 천문대를 만들면 하늘도 좋아해서 우리나라에 복을 주실

거야."

선덕여왕은 일 년의 날수와 별의 수, 절기의 수 등을 담고 있는 천문대를 정성스럽게 만들었습니다. 이것이 바로 첨성대입니다.

신라 선덕여왕 16년(647)에 지어진 첨성대는 천문과 관련된 건물로는 동양에서 가장 오래된 것입니다. '첨성대'는 분명히 천문과 관련이 있지만, 실제로 과학적인 천문활동을 했는지, 아니면 하늘에 제사를 드리는 장소로 쓰인 것인지, 어떤 다른 이유가 있는지에 관한 여러 의견이 있습니다. 진실은 무엇일까요?

첨성대는 독특한 곡선미로 잘 알려져 있습니다. 이런 특수한 형태의 석조물은 동양 어느 나라에도 없습니다. 그 형태는 위쪽이 네모이고 아래쪽이 둥그런데, 고려나 조선의 천문대 건축 양식과도 전혀 다른 독특한 것입니다. 이 구조는 동양의 우주관을 보여 주는데, 세부적으로 살펴 보겠습니다.

먼저 첨성대의 맨 아래 기단부는 정사각형이고, 그 위의 몸통은 원형입니다. 이것은 '천원지방(天圓地方)'의 우주관을 나타냅니다. 옛날에는 우주를 네모난 땅에 원형의 뚜껑을 덮은 모양으로 생각했는데, 이것을 천원지방이라고 합니다.

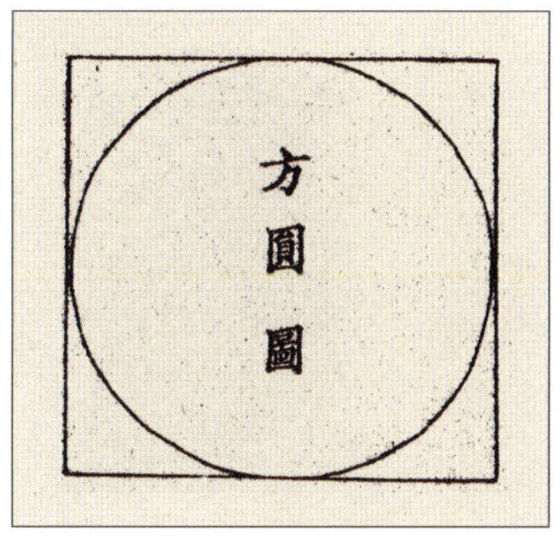

◀『주비산경』의 방원도

『주비산경』에 있는 방원도는 첨성대의 기단과 몸통을 위에서 내려다 본 모양과 같습니다.

天　圓　地　方 (천원지방)

↓　　↓　　↓　　↓

하늘　둥글다　땅　네모

　　다음으로 돌로 쌓아 올린 27개 원형의 단 꼭대기에는 '井(정)' 자 모양의 돌이 얹혀져 있는데, 합쳐서 28개의 별자리 운행을 상징합니다. 이것은 『주비산경』의 칠형도에 해당합니다.

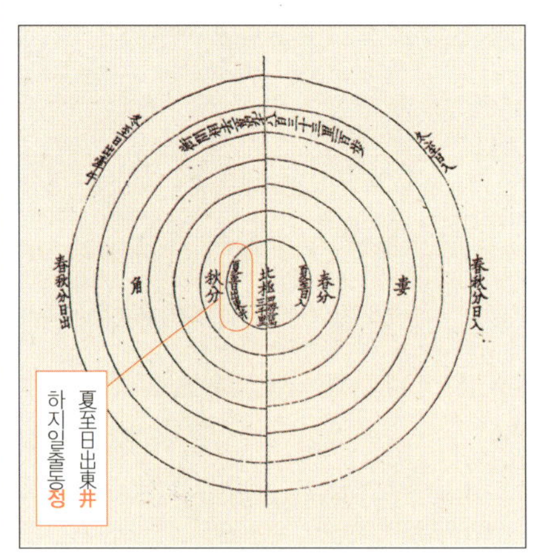

　　칠형도(七衡圖)란 일 년 동안의 태양의 운행을 일곱 개로 나눠서 나타내는 중국 전통의 천문 그림입니다. 가장 가운데의 원은 28개의 별자리 중에서 '정(井)수'의 자리입니다. 정(井)수는 '쌍둥이자리'인데, 첨성대 꼭대기의 '井' 자로 나타낸 것입니다.

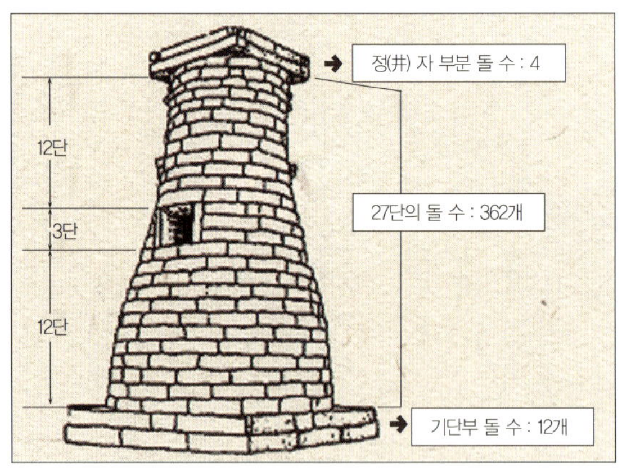

　　셋째, 첨성대에서 28개의 별자리를 생각했을 때, 27층까지의 돌의 수 362개 + 정(井)자 부분의 돌 수 4개 = 366개로 이 366개는 『주비산경』의 일 년의 날수 $365\frac{1}{4}$일과

유사합니다.

넷째, 기단부의 돌은 12개로 되어 있는데, 1년 12개월에 대응합니다.

다섯째, 중간 문을 기준으로 아래쪽에 12단, 위쪽에 12단이 있는 것은 24절기를 상징합니다.

이 외에도 천문에 관한 여러 상징적인 값들을 찾아볼 수 있는데, 처음부터 계획적으로 설계한 것이라고 할 수 있습니다.

하지만 첨성대가 실제로 천문대로 사용되었던 것이라면 다음과 같은 의문이 생깁니다.

첫째, 신라 관복을 입고 높이 약 4.17m인 중앙의 창문 입구까지 사다리를 타고 올라가서 사방 95cm의 좁은 입구로 들어가, 돌을 밟으면서 약 5m를 더 올라가야 합니다. 이것을 매일 되풀이하기에는 힘든 일이었을 것입니다.

둘째, 꼭대기의 정(井)자 모양으로 둘러싸인 부분의 넓이는 사방 약 220cm 정도입니다. 높이가 약 9.17m인 곳에 올라가 난간이 64cm 정도밖에 안되는 곳에 서서 하늘을 관측하기는 위험한 일입니다. 차가운 바람이 심하게 부는 겨울에는 더욱 위험합니다. 그리고 사실 삼 층 정도 높이에서 하늘을 관측하는 것과 바닥에서 관측하는 것은 큰 차이가 없습니다.

셋째, 정(井) 자 모양의 네 변이 동서남북을 정확히 가리킨다면 하늘을 관측하기 쉬울텐데, 첨성대는 그렇지도 않습니다. 정확한 방향에서 약 16°나 차이가 있습니다. 기단은 약 19°차이가 납니다.

첨성대는 경주의 수호산인 남산의 가장 높은 봉우리와 왕궁을 잇는 직선의 연장선 위에 놓여 있습니다. 또 남쪽을 향한 창문으로는 한눈에 왕궁과 남산을 바라볼 수 있도록 지어져 있습니다.

넷째, 천체 관측 기록을 찾을 수 없습니다. 선덕여왕 때는 지진이나 우박, 비 등의 기록은 있지만 이런 것은 첨성대 꼭대기에서 관측하는 것이 아니며, 천체의 이변에 관한 관측 기록은 전혀 보이지 않습니다. 진덕왕이나 무열왕 때에도 천문 기록으로 남아 있는 것은 다음 한 건 뿐입니다.

진덕왕 5년(647)에 혜성이 남방에 나타나고,

또 많은 별이 북쪽으로 흘렀다.

본격적으로 보이는 관측 결과는 문무왕(661~680) 때로 처음으로 혜성의 위치를 구체적으로 나타내고 있습니다.

- 문무왕 4년 혜성이 천반성(天般星)에 나타났다.
- 문무왕 16년 혜성이 북하(北河) 적수(積水) 사이로 나타났는데 거리가 67보쯤이었다.

종합해서 보면 첨성대는 천문 관측을 위한 시설이라기보다는 독립 왕국으로서 천문지식을 상징적으로 나타내어 국력을 과시하려는 정치적 의도가 담긴 건축물로 생각됩니다.

고려시대의 천문대

황해도 개성시에 축대만 남아있습니다. 919년에 세워진 것으로 보이는데, 높이는 2.8m입니다.

조선시대의 천문대

천문기기인 간의를 놓았던 곳이라고 간의대라고도 하는데, 창경궁 안에 있는 남아있는 것은 숙종 14년(1688)에 만들어진 것으로, 높이 약 3m입니다. 휘문고등학교에 남아 있다가 지금은 계동으로 옮겨진 것은 높이 약 3.8m입니다. 이것은 모두 소간의를 올려 놓았던 소간의대입니다. 대간의를 올려 놓았던 대간의대는 약 9.5m 정도로 보입니다.

통일신라시대의 첨성대의 높이가 약 9m이고, 고려시대와 조선시대 천문대의 높이가 약 3~9.5m 정도인데 이것은 하늘의 뜻을 읽는다는 의미를 상징적으로 표현한 것으로 보입니다.

위_ 창경궁 안의 관천대
아래_ 계동에 있는 관천대

조선 초기 천문 과학의 발달

세종 초기에는 천문에 관한 전문가라고 하더라도 역산을 잘하는 사람이 없었을 정도로 천문제도가 허술했습니다. 『세종실록』에는 다음과 같은 글이 있습니다.

세종대왕은 먼저 허술한 관측 시설을 제대로 만들기로 작정하고, 정인지, 정초, 김빈, 이순지, 박연, 김진, 이장, 장영실 등으로 구성된 과학기술 팀을 만들었습니다.

당시 중국은 명나라 때로 천문과학이 침체되어 있었습니다. 하지만 이전의 송나라와 원나라 때 천문과학이 크게 발전하였으며, '혼천의' 등과 같은 정교한 천문기기가 여전히 남아 있었습니다.

세종대왕은 이러한 천문기기를 알아보고 오라고 장영실 등을 중국으로 유학을 보냈지만, 당시 천문기기는 천자인 황제만이 가질 수 있는 것이라 하여, 일반 사람에게 공개되지 않았고, 특히 외국인에게는 극비로 했습니다.

세종이 천문기기를 만들라고 지시했던 세종 14년(1432) 당시에는 아무도 그 실물을 본 사람이 없었습니다. 그래서 중국으로부터 구해 온 천문기기에 관한 책만 읽고 연구해서 그대로 만드는 작업을 해야 했는데, 이 작업은 그때로서는 거의 무에서 유를 창조하는 독창적인 것이라 할 수 있습니다.

정초와 정인지 등은 천문에 관한 책을 읽으면서 천문기기의 구조에 관한 이론을 연구하였고, 이장과 장영실은 기술 감독 및 지도를 담당하였습니다.

천문기기

『세종실록』에는 다음과 같은 기록이 있습니다.

세종 15년(1433) 6월 9일
정초, 박연, 김진 등이 새로 만든 혼천의를 올리다.

세종 15년(1433년) 8월 11일
정초, 이천, 정인지, 김빈 등이 혼천의를 올리니, 천체를 관측하게 하고, 이로부터 세종이 세자와 함께 매일 간의대에 이르러 정초 등과 함께 혼천의의 제도를 의논해 정하다.

8월에 왕에게 혼천의를 올렸다고 하고, 매일 간의대에 간 것을 보면 6월

9일의 기록에 있는 혼천의는 '간의'를 잘못 쓴 것으로 보입니다.

간의

간의 ▶

소간의 ▶

간의는 천체의 위치를 각도로 측정하는 기기입니다. 간의에는 대간의와 소간의가 있는데, 소간의는 대간의를 휴대할 수 있게 작게 만든 것입니다.

간의대는 천문대를 말하는데, 천문대 위에 두었던 여러 천문기기 중에서 간의를 가장 중요하게 여겼기 때문에 간의대라고 불렀던 것 같습니다.

대간의를 놓은 것을 대간의대, 소간의를 놓은 것을 소간의대라고 합니다.

혼천의

▶
혼천의(세종대왕유적관리소 소장)

기록에 나타난 우리나라 최초의 혼천의는 세종 15년(1433) 8월의 것입니다. 혼천의는 하늘의 모형을 만든 것으로, 별자리의 움직임에 맞게 돌아가도록 되어 있는 천체시계입니다. 이것으로 천체 운행과 위치를 측정할 수 있습니다.

최초의 혼천의는 기원전 2세기 무렵 고대 중국의 우주관인 혼천설을 바탕으로 중국에서 만들어졌습니다.

달걀 껍데기가 노른자를 싸고 있는 것처럼 우주도 하늘이 땅을 싸고 있
는 모양으로 생각한 것입니다.

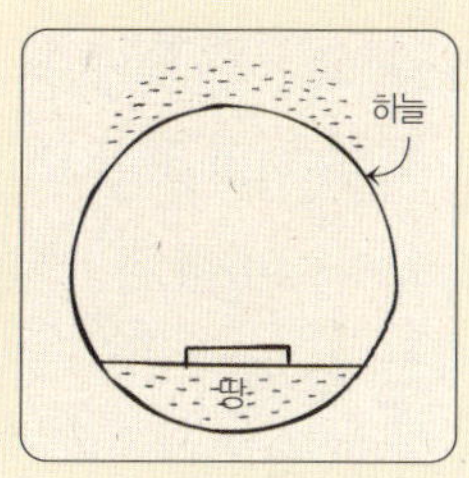

혼천설에 따른 우주

혼상

혼상은 세종 19년(1437)에 만들었는데 대간의대에 놓았습니다.

혼상은 천구의와 같은 것으로, 하늘의 별자리를 적도와 황도좌표의 각도로 둥근면 위에 표기하여 별자리의 위치를 살펴볼 수 있도록 한 것입니다.

◀ 혼상(세종대왕유적관리소 소장)

이렇게 해서 세종 19년에 처음에 계획한 천문기기가 모두 갖추어졌습니다. 『세종실록』에는 다음과 같은 글이 실려 있습니다.

혼의, 혼상, 규표, 간의 등과 자격루, 소간의, 앙부, 천평, 현주일구 등의 그릇을 빠짐없이 제작하게 하셨으니, 그 물건을 만들어 생활에 이용하게 하시는 뜻이 지극하시었다(『세종실록』 19년 4월 15일).

위에 적힌 규표, 앙부일구, 천평일구, 현주일구는 모두 해시계의 일종입니다. 이 밖에 정남일구라는 이름도 기록되어 있습니다. 이 해시계들은 중국 원나라 때의 천문학자 곽수경이 만든 천문기기의 전통을 이어받아 제작된 것입니다.

규표

규표(세종대왕유적관리소 소장) ▶

규표(해시계)는 세종 19년(1437)에 완성되었습니다. 규표는 대간의대의 서쪽에 세워졌는데, 비의 높이가 40척(약 12m)입니다. 이것은 4의 배수가 되도록 한 것이며, 또 이렇게 높이 세우지 않으면 그 그림자의 끝이 분명하지 않고 번져 보여서 그림자 길이를 측정하는 데 오차가 많이 생기기 때문입니다.

앙부일구

앙부일구 ▶

앙부일구는 세종 16년(1434)에 만든 계절, 날짜, 시각을 알려주는 해시계입니다. 이 시계는 우리나라 최초의 공동 시계로 종로 혜정교와 종묘 앞에 설치했는데, 다음과 같은 구조입니다.

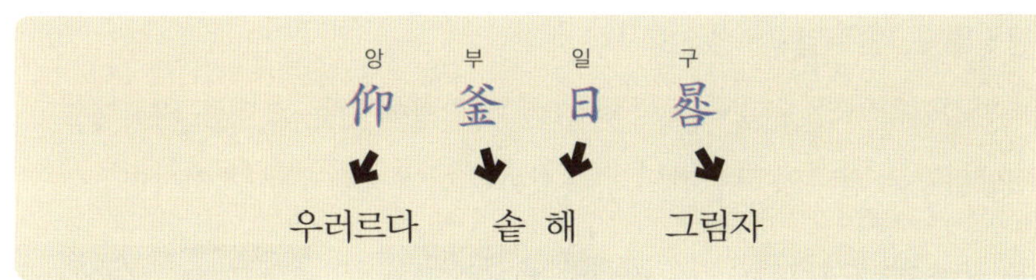

그러니까 하늘을 우러러 보는 솥인데, 그 속에 나타난 해 그림자로 시각을 알아보는 솥이라고 생각할 수 있겠지요.

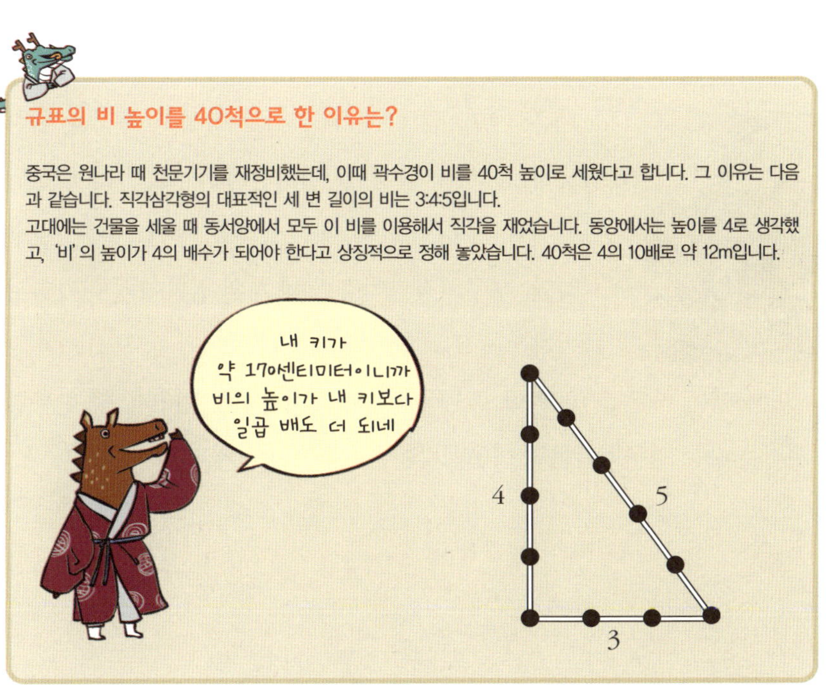

규표의 비 높이를 40척으로 한 이유는?

중국은 원나라 때 천문기기를 재정비했는데, 이때 곽수경이 비를 40척 높이로 세웠다고 합니다. 그 이유는 다음과 같습니다. 직각삼각형의 대표적인 세 변 길이의 비는 3:4:5입니다.

고대에는 건물을 세울 때 동서양에서 모두 이 비를 이용해서 직각을 재었습니다. 동양에서는 높이를 4로 생각했고, '비'의 높이가 4의 배수가 되어야 한다고 상징적으로 정해 놓았습니다. 40척은 4의 10배로 약 12m입니다.

천평일구, 현주일구, 정남일구

천평일구와 현주일구는 세종 19년(1437)년에 만든 휴대용 해시계이고, 정남일구는 현주일구에 간의의 특성까지 담겨 있는 해시계입니다.

천평일구(세종대왕유적관리소 소장)

현주일구(세종대왕유적관리소 소장)

정남일구(세종대왕유적관리소 소장)

일성정시의

일성정시의(세종대왕유적관리소 소장)

세종 19년(1437)에는 태양시와 항성시 측정을 위한 밤낮 겸용 시계 장치인 '일성정시의' 네 벌이 완성되었습니다. 구리로 만든 바퀴 둘레를 주천도분환, 일구백각환, 성구백각환이라는 세 개의 원환이 둘러싸면서 돌아가는 구조로 되어 있습니다.

당시에는 하루를 100각으로 나누었는데, 1각은 6분입니다. 즉 하루의 시각을 재는 일구백각환과 성구백각환은 눈금이 100개 새겨져 있습니다.

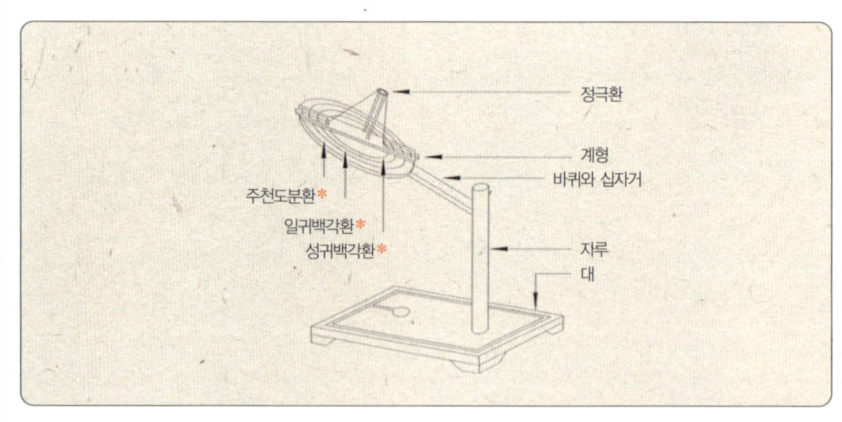

일성정시의 구조도 ▶
(http://anastro.kisti.re.kr)

경주 박물관에는 반지름이 33.4cm인 해시계의 조각이 있습니다.
통일신라시대의 것으로 보이는 데, 자시(오후 11시 30분~오전 0시 30분)부터 묘시(오전 5시 30분~6시 30분)까지의 부분이 남아 있습니다. 이 해시계의 표면에는 두 개의 동심원이 그려져 있고, 그중 작은 원을 24등분한 각각에는 방향에 따라 십이지(十二支)와 십간(十干)을 나타내는 한자가 새겨져 있고, 큰 원의 바깥쪽에는 팔괘가 새겨져 있습니다.
신라시대 해시계의 시각은 24시로 나누어져 있는데, 하루를 24등분해서 각각 십간과 십이지를 이용해서 시각을 나타냅니다.
24시의 첫 번째 시는 자시(子時, 밤11시 30분~오전 0시 30분)이고, 두 번째 시는 계시(癸時, 오전 0시 30분~1시 30분), 같은 방법으로 축(丑)·간(艮)·인(寅)·갑(甲)·묘(卯)·을(乙)·진(辰)·손(巽)·사(巳)·병(丙)·오(午)·정(丁)·미(未)·곤(坤)·신(申)·경(庚)·유(酉)·신(辛)·술(戌)·건(乾)·해(亥)·임(壬)의 순서로 나타냅니다.

신라시대 해시계 일부분

| 물시계 |

　해시계로는 맑은 날의 낮의 시각을 알 수 있지만, 흐린 날이나 밤에는 물시계를 사용했습니다.

　고대부터 사용되었던 물시계는 다음과 같습니다. 가장 높이 있는 누호(물받이)에서 아래쪽 누호로 차례로 물을 흘려보내면서 물의 흐름이 일정하게 되도록 만든 것입니다. 제일 아래에 있는 전호 안으로 물이 흘러 들어가면 잣대가 떠오르게 되는데, 이 잣대의 상승 속도가 일정하게 되므로 잣대에 그려진 눈금으로 시각을 측정합니다.

　이 물시계는 밤낮 작동이 되지만, 항상 누군가 지키고 있다가 눈금을 일일이 확인하고 종을 쳐서 시각을 알려야 했습니다. 지키는 사람이 졸거나 자리를 비우면 시각을 알릴 수 없었습니다.

　이런 번거로움을 덜기 위해서 세종 때 자동 시보장치(종이나 북 등으로 시

각을 알리는 장치)가 달려서 자동으로 시각을 알려 주는 시계인 자격루가 만들어졌습니다.

자격루는 세종 16년(1434)에 완성되었는데, 기록으로만 남아 있습니다. 자격루는 물시계의 시계장치 부분과 시보장치 부분으로 나누어집니다.

세종 20년(1438)에는 자격루의 일종인 옥루가 완성되었습니다. 옥루를 자세히 묘사하였는데, 마지막에 다음과 같은 글이 있습니다.

당나라의 황도유의·수운혼천과 송나라의 부루표영·혼천의상과 원나라의 앙의·간의 같은 것은 모두 정묘하다고 일렀다. 그러나 대개는 한 가지 기능만 있을 뿐이며 운용하는 방법도 사람의 손을 빌린 것이 많았다.

그런데 지금 이 흠경각의 옥루는 하늘과 해의 도수와 날빛과 누수 시각이며, 또는 옥녀, 사신(四神), 사신(司辰), 무사, 종인, 고인, 징인, 십이신 등 여러 가지가 한꺼번에 들어 있는 데다, 사람의 힘을 빌리지 않고도 저절로 치고 저절로 운행하는 것이 마치 귀신이 시키는 듯하여 보는 사람마다 놀라고 이상하게 여겼고, 그 원리를 측량하지 못

자격루(세종대왕유적관리소 소장)

이처럼 우리나라는 외국의 것을 그대로 받아들인 것이 아니라 연구해서 독창적인 발명품을 만들어 사용했습니다. 안타까운 점은 고려시대의 자료가 별로 남아있지 않아서, 당시의 수학과 과학이 어느 정도로 발전했는지 살펴보기 어렵다는 점입니다.

1 첨성대의 꼭대기를 왜 정(井) 자 모양으로 만들었는지 생각해 봅시다.

2 규표의 비 높이를 40척으로 한 이유를 알아봅시다.

3 해시계와 물시계를 사용하던 시절 시보 장치가 없었다면 어떤 점이 불편했을까요?

黃鐘 大呂 太簇 夾鐘 姑洗 仲呂

08

옛날의 측정 단위를 알아보자

위의 그림에서 나오는 섬, 말, 되, 홉, 치, 근, 관 등은 우리 고유의 부피
(들이)와 길이, 무게를 재는 단위들입니다. 이처럼 아직까지도 남아 있는 말
이 있는가 하면 이제 사용하지 않게 된 단위도 있습니다. 그리고 오랜 세월
이 지나면서 같은 단위 이름이라고 해도 그 크기가 달라진 것도 있습니다.
『삼국사기』와 『삼국유사』에는 다음과 같은 기록이 있습니다.

- 탈해왕은 키가 아홉 척에 풍채가 빼어나고 환했다.

- 고국천왕은 키가 아홉 척이고 자태와 겉모습이 크고 위엄이 있었다.

- 구수왕은 키가 일곱 척이며 위엄과 거동이 빼어났다.

위의 글에 나오는 '척' 이니 '촌' 이니 하는 말은 길이를 재는 단위입니다.
'미터(m)', '센티미터(cm)' 등에 해당하는 단위지요. 사실 '척' 과 '촌' 은
기록할 때 한자를 쓴 것이고, 실생활에서는 척은 '자', 촌은 '치' 라는 말
로 사용했습니다.

이 외에 '장(丈)'이라는 길이단위는 1장=10척입니다.

사람의 키를 나타낼 때는 특별히 '길'이란 단위를 써는데 1길=10자입니다. 그럼 탈해왕의 아홉 척 키는 몇 길일까요?

1길=10자=10척, 즉 9척=9자=0.9길

입니다. 또 cm로는 얼마나 될까요? 지금은 1자=약 30.303cm로 나타내므로, 1길은 약 3m입니다. 탈해왕의 키는 0.9길이니 지금 단위의 크기로 나타내면 270cm나 됩니다. 아마도 당시에는 지금과 단위의 크기가 달랐을 것입니다.

이런 단위는 무엇을 기준으로 만든 것일까요? 그리고 지금과 단위의 크기가 달랐다면 앞의 왕들의 키는 얼마나 될까요? 알아봅시다.

도량형이란 길이, 부피, 무게에 관계된 단위, 측정기구, 방법 등을 모두 말합니다. 도량형을 한자 그대로 풀이하면 다음과 같습니다.

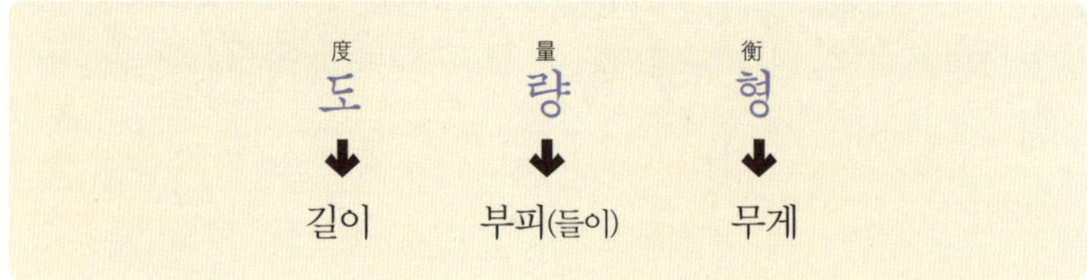

동양에서는 중국 진나라의 시황제 때 최초로 도량형 제도가 정리(B.C. 221)되었습니다. 그럼 이런 도량형의 단위는 무엇을 기준으로 만든 것일까요? 중국의 『한서』「율력지」에는 '도량형'의 법이 기록되어 있는데, 그 중 도(길이)에 대한 내용은 다음과 같습니다.

* 황종관 : 12율의 기본음을 정하는 척도로 사용한 피리

'도(길이)'는 황종관*의 길이를 기본으로 삼는다. 황종관의 길이는 곡식인 기장 알 중 보통 크기인 것 90톨을 일렬로 배열한 것과 같다. 이 기장 알 한 톨의 폭을 길이 단위 1푼[分]으로 해서, 10푼을 1촌(寸), 10촌을 1척(尺), 10척을 1장(丈), ……이라고 한다.

「율력지」의 도량형에 대한 내용을 정리하면 그 단위는 다음과 같습니다.

길이 단위 : 기장 알 한 톨의 폭=1푼

10푼=1촌, 10촌=1척, 10척=1장

부피(들이) 단위 : 황종관에 들어가는 기장 알의 수 1,200톨=1약

2약=1합(홉), 10합=1승(되), 10승=1두(말), 10두=1곡(휘)

무게 단위 : 1약에 채워지는 기장의 무게=12수

24수=1냥, 16냥=1근, 30근=1균, 4균=1석(섬)

이처럼 동양의 도량형 법은 일정한 음을 내는 황종관(피리)을 기본 도구로 하고, 그 보조 수단으로 곡식인 기장 알을 사용해서 만든 것입니다.

『삼국사기』와 『삼국유사』를 보면 삼국이 일찍부터 이런 도량형의 표준 단위를 받아들였다는 사실을 알 수 있습니다. 하지만 도량형이 통일된 것은 아니었습니다.

일본에서는 702년 이전에 '고마척'으로 알려진 척도가 있었는데, 이 것은 '고마에서 온 척'이라는 의미로 당시 일본에서는 고구려, 백제, 신라를 모두 고마라고 했습니다. 그런데 고마척 1척과 당나라의 1척은 크기가 달랐습니다. 이것은 한반도에서 당나라 척 말고도 여러 가지 척을 사용하고 있었음을 말해줍니다.

중국에서 들여온 척도 여러 가지였습니다. 길이에 관해서 중국 수나라 때 이미 12종류의 척(尺)이 있었고 그 중 가장 큰 것은 작은 것의 1.5배나 됩니다. 똑같이 1척이라고 말하는 길이가 12가지로 다르다면 혼란이 많

았을 것입니다. 청나라 때(1750)에는 양전척*만도 3.2척부터 7.5척까지 여러 종류가 있었다고 합니다. 들이나 무게도 마찬가지였습니다.

즉 삼국은 도량형에 관한 법이 있었지만, 실제로는 여러 가지를 사용하고 있어서 혼란스러웠습니다. 조선시대 때조차도 지방의 시장마다 도량형의 크기가 달랐다는 기록이 있습니다.

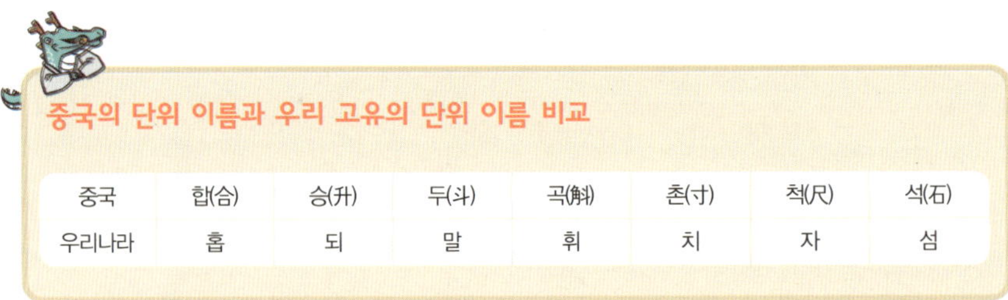

중국의 단위 이름과 우리 고유의 단위 이름 비교

중국	합(合)	승(升)	두(斗)	곡(斛)	촌(寸)	척(尺)	석(石)
우리나라	홉	되	말	휘	치	자	섬

진나라 시황제(B.C. 247~B.C. 221)

최초로 중국 대륙을 통일하고 진나라를 세운 시황제를 아시지요? 그는 '황제'라는 말을 처음 사용한 사람인데, 자신이 중국의 고대 전설에 나오는 제왕인 '삼황오제'의 덕을 모두 가졌다는 뜻에서 사용했다고 합니다.

삼황(三皇) +	오제(五帝)
역을 만든 복희씨	황제(黃帝), 전욱,
인류를 낳은 여와씨	제곡, 요, 순
농업을 가르쳐준 신농씨	

시황제는 그때까지 쓰이던 여러 종류의 한자를 하나로 통일시켰으며, 도로를 정비해서 무역을 번창시켰습니다. 당시에는 마차 바퀴 사이의 폭이 마차마다 달라서, 불규칙하게 남은 바퀴자국 때문에 마차의 운행이 원활하지 못했습니다. 시황제는 마차 바퀴 사이의 폭을 통일시키고, 전국 곳곳의 도로를 연결해서 바퀴자국을 따라 쉽게 이동할 수 있도록 했습니다.

또한 그는 도량형도 통일시켰는데, 각국에서 약간씩 달랐던 들이 단위인 홉[合], 되[升], 말[斗]이라든가, 길이의 단위인 보(步), 장(丈) 등을 통일시킨 것입니다. 같은 단위 이름이라도 각각 다른 크기로 사용했기 때문에 팔고 살 때 단위를 일일이 환산해야 하는 등 번거로웠습니다. 시황제는 홉의 양을 재는 표준 용기를 제작해서 전국에 보내고 그것을 기준으로 사용하도록 명령했습니다.

이렇게 많은 업적을 쌓은 그는 교만해졌으며, 심지어 자신이 신선이 되겠다고 생각했는데, 이 때문에 나쁜 일도 많이 하게 되었습니다. '사서삼경' 등 각종 서적을 불태우고 자기를 비방한 460명의 유학자를 산 채로 구덩이에 파묻어 죽이는 끔찍한 일도 했습니다.

중국의 음악

왜 도량형의 기준을 황종관으로 한 것일까요? 음악은 옛날 주나라 때부터 교육하는 여섯 가지 과목인 '육예(六藝)' 중에서도 두 번째로 중요한 과목이었습니다.

음악은 옛 성현의 덕을 나타내는 것으로 듣는 사람의 마음을 맑게 하고, 평화로운 분위기를 만들고, 더 나아가서 태평천하를 이루는 역할을 한다고 생각했습니다. 그래서 음악은 정치를 하는 데 꼭 필요한 것이었습니다.

음악의 가락은 모든 악기의 음이 조화를 이룰 때 듣는 사람이 즐겁습니다. 그래서 음을 잘 맞추는 일이 중요합니다.

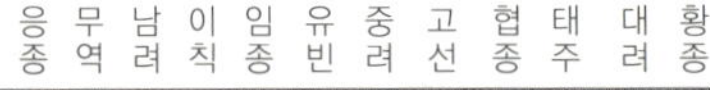

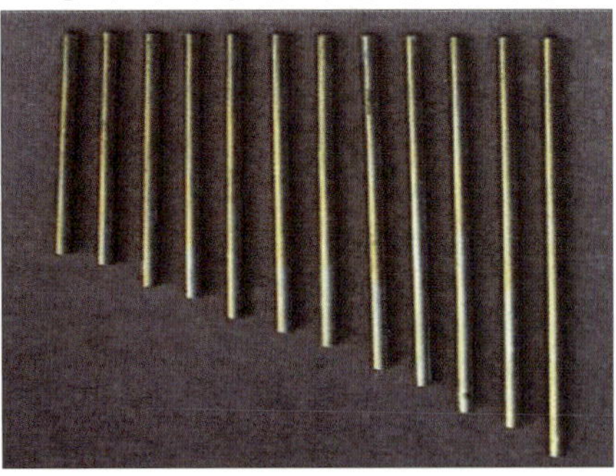

구리로 만든 12율관(국립국악원 소장)

중국과 한국에서는 한 옥타브를 12개의 음, 즉 '황종 · 대려 · 태주 · 협종 · 고선 · 중려 · 유빈 · 임종 · 이칙 · 남려 · 무역 · 응종' 으로 나타내었습니다. 이 12개의 음을 내기 위해서, 피리처럼 생긴 '율관' 도 12

개가 필요합니다. 12개의 율관이 악률의 표준이 되었습니다.

12개 음 중에서 황종음을 내는 피리를 '황종율관' 또는 '황종관'이라고 불렀고, 이것을 기준으로 다른 11개의 음을 정했습니다.

황종관을 기준으로 다른 11개의 음을 어떻게 만들었을까요? 황종관의 길이를 이용한 '삼분손익법'을 사용했습니다. 앞의 그림에서 가장 긴 황종으로부터 가장 짧은 응종의 순서로 음이 높아집니다.

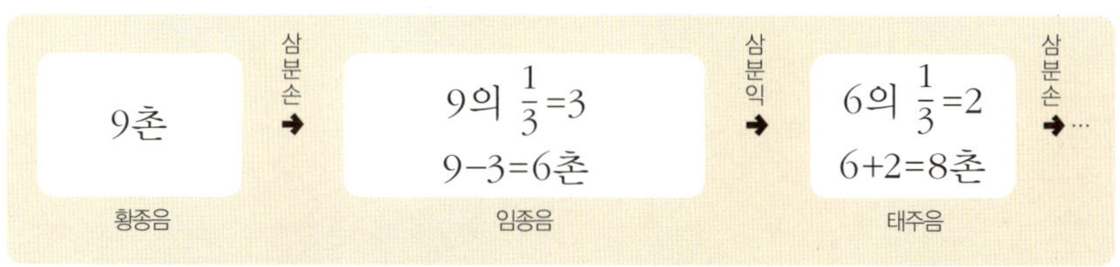

즉 다음과 같이 황종관을 기준으로 삼분손, 삼분익, 삼분손, 삼분익, ……을 번갈아가면서 다른 11개의 율관을 만든 것입니다.

이렇게 해서 조화로운 음을 내는 율관을 만들었으며, 정치나 윤리도 음악과 같이 조화로워야 한다는 의미로 율령정치*를 실시한 것입니다. 황종관을 기준으로 정한 이유는 도량형에 이런 조화로움이 들어있어야 한다는 생각에서입니다.

* 율령정치 : 법률에 의한 정치로 그 바탕에는 음악, 도량형, 달력이 하나의 기본적인 수 이론으로 통합되어 있음

피타고라스와 음악

고대 그리스의 수학자 피타고라스는 세상이 수로 이루어져 있다고 말했습니다. 음악도 마찬가지로 생각했지요. 그는 조화로운 음율을 다음과 같이 줄의 길이를 이용해서 수로 정리했습니다.

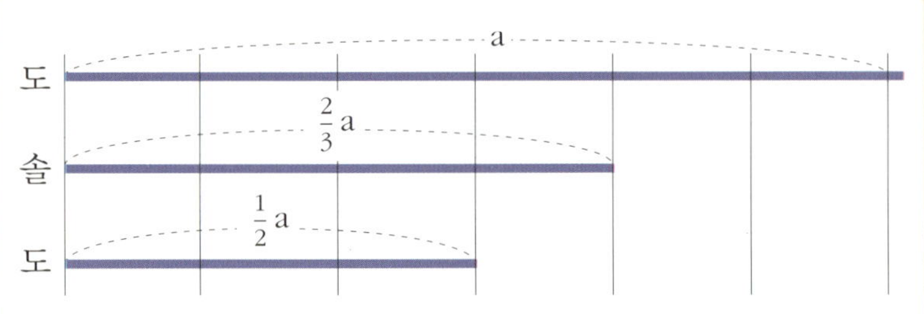

먼저 현의 길이를 팽팽하게 해서 소리를 낸 것을 도라고 합니다. 그 길이의 $\frac{2}{3}$는 솔이 됩니다. 그리고 처음 '도'의 $\frac{1}{2}$은 한 옥타브 높은 '도'가 됩니다. 이렇게 얻어지는 도와 솔 그리고 한 옥타브 높은 도는 잘 조화됩니다. 그러니까 동양의 12율관으로 정해진 '황종·대려·태주·협종·고선·중려·유빈·임종·이칙·남려·무역·응종'은 피타고라스의 12개의 음인 '도, 디, 레, 리, 미, 파, 피, 솔, 셀, 라, 리, 시, 도'와 같은 것입니다.

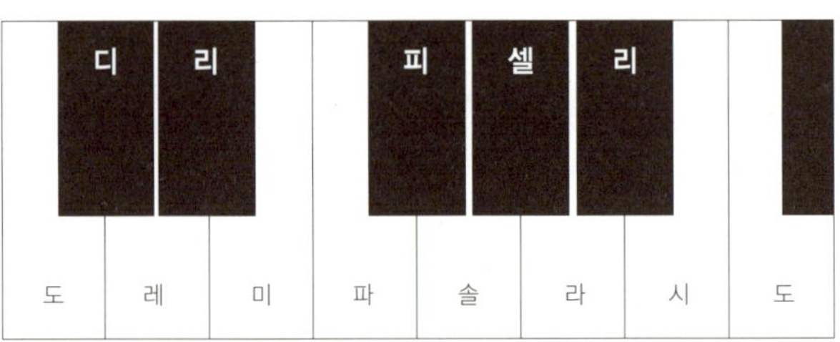

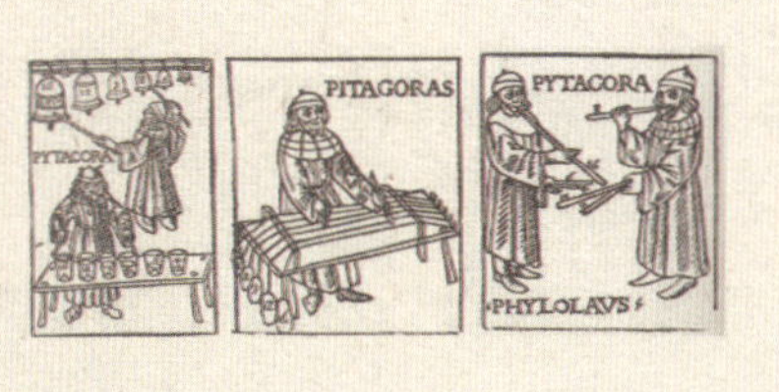

옆의 그림은 15세기 이탈리아의 목판화로, 수학자 피타고라스가 음의 조화를 실험하고 있는 모습을 상상해서 그린 것입니다. 제일 왼쪽 그림은 크기를 달리한 종과 물의 양을 달리한 컵을 쳐서 소리를 내는 장면이고, 가운데는 줄의 길이를 달리해서 소리를 내는 장면, 제일 오른쪽은 관의 길이를 달리해서 소리를 내는 장면입니다.

고국천왕의 키는 얼마였을까?
_고대의 길이 단위

고구려, 백제, 신라의 도량형이 모두 중국식의 단위 이름으로 기록되어 있습니다. 그러나 구체적으로 중국의 어느 시대 것을 기준으로 했는지 알아내기는 어렵습니다. 어쩌면 독자적으로 나타낸 것일 수도 있습니다. 다음은 『삼국사기』와 『삼국유사』 등에 나온 왕의 키에 대한 기록입니다.

- 석탈해 이사금은 …… 키가 9척에 풍채가 빼어나고 환했다.

- 아달라 이사금은 키가 7척에 콧마루가 두툼하고 커서 범상치 않은 형상이었다.

- 고국천왕은 키가 9척이고 자태와 겉모습이 크고 위엄이 있었다.

- 구수왕은 키가 7척이며 위엄과 거동이 빼어났다.

- 실성 이사금은 키가 7척 5촌에 지혜가 밝고 사리에 통달하여 앞일을 멀리 내다보는 식견이 있었다.

- 지철로왕은 여자이고 키가 7척 5촌이었다.

- 무령왕은 키가 8척이고 눈매가 그림과 같았다.

- 법흥왕은 키가 7척이고 성품이 너그럽고 후하여 사람들을 사랑했다.

- 안원왕은 키가 7푼 5촌이었고 그릇이 넓은 사람이었다.

- 진평대왕은 키가 11척이고 운이 좋아야 가마에 타서 궁에 갈 수 있으며 계단을 오를 때 세 개를 깰 정도였다.

위의 내용을 보면, 당시 왕들의 키는 7~11척에 이릅니다. 지금은 1척을 30.3cm 라고 하나로 생각하므로 이것을 기준으로 계산하면 왕들의 키가 2m에 서 3m를 넘었다는 것인데, 말이 안 됩니다. 즉 삼국시대 때의 1척의 길이는 지금의 1척의 길이와 다릅니다.

삼국시대에 사용된 중국의 척도는 주로 중국의 전한, 후한, 동위에서 사용한 전한척, 후한척, 동위척인데, 7~11척을 기준으로 해서 계산하면 다음과 같습니다.

		7척	11척
전한척		7×27.65=193.55cm	11×27.65=294.11cm
후한척	전	7×23.04=161.28cm	11×23.04=253.44cm
	후	7×23.75=166.25cm	11×23.75=261.25cm
동위척		7×29.97=209.79cm	11×29.97=329.67cm

삼국에서는 위의 척 중에서 어느 것을 사용했을까요? 계산한 것을 보면 당시에 사용한 것은 후한척이었던 것을 알 수 있습니다. 즉 삼국시대에는 1척을 16.1~16.6cm 정도로 사용했다고 볼 수 있습니다.

고려의 도량형

　고려의 도량형은 토지제도와 상업에 관한 기록을 찾아서 추측해 볼 수 있습니다.

토지 제도

　농토를 나누거나, 토지에 대한 세금을 공정하게 하기 위해서 고려에서는 토지를 측량할 때 땅이 얼마나 좋으냐에 따라 논밭에 등급을 매기는 방법을 사용했습니다. 『고려사』에는 성종 11년(992)에 논밭의 질을 각각 상·중·하로 구별하여, 수확고에 따른 세금을 정한 양을 기록한 부분이 있습니다. 이때 사용한 단위를 보면 당시의 들이를 알 수 있습니다.

들이 단위 : 1석=15두, 1두=10승, 1승=10합, 1합=10작

　또 다음 기록을 통해서 넓이 단위를 알 수 있습니다.

- 신라 30대 문무왕 때 수로왕의 사당에 가까운 상상전 30경을 내주어 왕위전이라 이름지었다.
- 성종 때 조문선이 수로왕의 사당에 소속된 땅이 넓으니 15결만 남기고 나머

넓이 단위는 앞의 두 기록을 보면 '1경=1결'이었습니다. 또 마지막 기록을 보면 '1결 12부 9속'과 '3결 87부 1속'이 나오는데,

'1결=100부', '1부=10속'

$$\begin{array}{r} 1결\ 12부\ 9속 \\ +\ 3결\ 87부\ 1속 \\ \hline 5결 \end{array}$$

으로 생각하면 합쳐서 5결이 됩니다.

토지를 측량해서 세금을 정하는 제도를 양전제라고 하는데, 이 일을 하는 관리직의 이름이 기록되어 있지 않은 것을 보면 아마 실제 측량하는 일은 지방의 서리가 했던 것으로 보입니다.

문종 22년(1069)에 새로운 양전척, 즉 토지를 재는 길이와 넓이 단위가 정해졌는데, 산학자들은 새로운 단위를 정하고, 각 토지의 급수에 따라 거둘 세금의 양을 계산하여 표를 만드는 등의 일을 했습니다. 이런 작업은 산학자의 가장 중요한 업무 중의 하나였을 것입니다.

상업

고려는 중국 송나라와 교역을 많이 하였습니다. 송나라는 상업이 눈부시게 발달했고, 세계 무역의 중심이었습니다. 고려도 활발한 국제무역을

했습니다. 중국 화폐가 고려에 들어오자, 고려도 일찍부터 삼한중보, 동국통보, 동국중보, 해동중보, 해동통보 등의 화폐를 만들었습니다. 하지만 서민층에서는 여전히 물물교환 중심으로 상업이 이루어졌습니다. 고려시대 상인들에 관한 다음과 같은 기록이 있습니다.

사실 당시에 무역을 하려면 국가의 승인을 받아야 했는데, 아주 적은 수의 상인만이 권력을 등에 업고서 이러한 부자가 될 수 있었습니다. 하지만 그마저도 학자나 벼슬아치들에 의해 죄인으로 취급당했습니다. 이처럼 상업을 천하게 여기는 분위기는 경제활동의 발달을 막았으며, 이것은 수학이 발달할 기회가 적었다는 것을 의미합니다.

서양에서 상업이 크게 발달한 아라비아의 상인들에 의해 수학이 발달하였고, 상업을 막은 로마의 수학은 발달하지 못한 것만 봐도 상업과 수학 발전의 관련성을 알 수 있습니다. 활기찬 상업 사회에서는 무엇보다도 신속하고 정확한 계산이 필요했기 때문에 수학이 발달할 수밖에 없습니다.

중국에서도 상업이 활발했던 남송시대에는 일반인들에 의한 수학이 관청이나 왕실에서 다루는 전통 수학과 상관없이 일어나기 시작했습니다.

세종대왕의 음악과 도량형

　세종대왕은 과학 뿐 아니라 음악에서도 뛰어난 업적을 남겼습니다. 세종대왕은 예술에서도 자주성을 강조했으며, 다른 동양의 왕과 마찬가지로 정치를 하는 데 음악을 중요하게 생각했습니다. 그래서 여러 가지 아악기를 제작했는데, 이 악기들의 음을 바르게 맞추기 위해서 기본음을 내는 황종관을 만들어야 했습니다.

　중국의 옛 책인 『한서』 「율력지」에 보면, 황종관은 '기장 알 90알을 한 줄로 이은 길이'라고 되어 있습니다.

　세종대왕의 명령으로 황종관을 만들기 시작한 박연은 적당한 기장 알을 구하기 위해서 애를 썼습니다. 이 일은 어려웠습니다. 황종음이 이미 정해져 있었기 때문입니다.

　그래서 아무 기장 알이나 90알을 구해서 그 길이로 황종관을 만드는 것이 아니라 거꾸로 이미 있는 황종음에 맞는 기장 알을 구해야 했던 것입니다.

　그 결과 드디어 옛 중국의 방법을 철저하게 따른 조선의 악률이 완성되었는데, 오히려 중국 음악과는 다른 독립된 조선 음악의 기초가 만들어졌습니다. 이에 관해 『세종실록』의 세종 1년(1417) 1월 1일 기록에 다음과 같은 내용이 있습니다.

임금이 탄식하며 예전 것을 개혁하여 새로 고칠 뜻을 두어 박연에게 편경을 만들기를 명하였으나, 우리나라에서는 본래의 음에 맞는 악기가 없으므로, 박연이 해주의 기장을 가지고 옛 법에 따라 황종관을 만들어 불어 보니, 그 소리가 중국의 편종이나 편경과 황종 및 당나라의 피리 소리보다 약간 높아서 그 이유를 찾아보고 "토지에 따라 기름진 것, 메마른 것이 있어 기장의 크고 작음이 있으므로, 음악의 높낮이가 시대마다 각각 다르다."고 하였다. ……

그래서 해주의 기장과 같은 모양으로 밀랍을 녹여서 모형을 만들어 황종관을 만들었다. ……

밀랍으로 기장 낱알 1천 2백 개를 만들어서 관 속에 넣으니 남고 모자람이 없었다. ……

박연이 "다른 것은 중국의 편경에 따랐지만, 음은 제가 12율관을 만들었더니 소리가 잘 어울린다."고 말하니, "중국의 음을 버리고 스스로 율관을 만드는 것이 옳겠는가."라고 하며 거짓말로 여기는 사람이 있었다. 그래서 박연이 말하기를 "중국의 편경은 유빈이 임종보다 높으며, 이칙은 남려와 같고, 응종은 무역보다 낮아서, 높아야 할 음이 오히려 낮고, 낮아야 할 음이 도리어 높으니, 한 시대에 제작한 악기가 아니라고 생각됩니다. 따라서 그 음에 따라 만들면 결코 조화로운 소리를 낼 수 없으므로, 중국 황종의 소리에 맞춰 황종관을 만들고, 손익하여 12율관을 만들어 불어서 그 음에 따라 편경을 만들었습니다." 하니, 명하여 모든 악기를 새로 만든 율관에 맞추게 하고, 임금이 말하기를, "중국의 편경은 과연 조화로운 소리가 안 나는데, 지금 만든 편경이 옳게 된 것 같다."라고 하였다.

실제로 음을 따지면 유빈이 임종보다 낮고, 이칙이 남려보다 낮고, 응종은 무역보다 높아야 하는데 잘못되었다는 것입니다. 결국 여러 시대에 걸쳐서 만들어진 중국의 음은 제대로 맞지 않았던 것입니다.

12개의 율관은 주로 대나무로 만드는데, 시간이 지나면 모양과 길이가 틀어져서 음이 달라집니다.

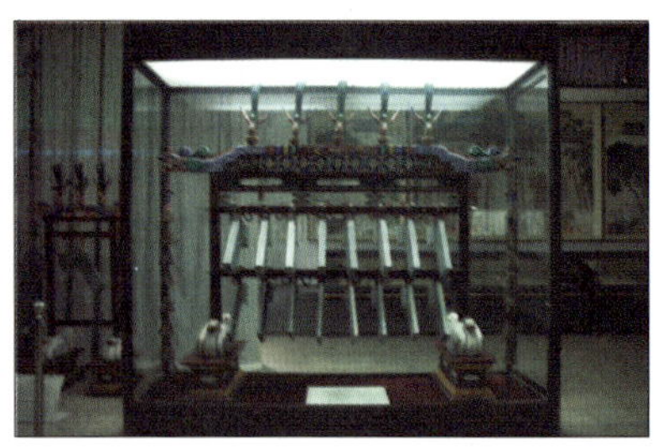

편경(세종대왕유적관리소 소장)

편경은 돌로 만든 것으로, 음높이의 변동이 없습니다. 따라서 12개 율관의 음에 따라 편경을 만들고, 이 편경을 기준으로 다른 악기의 음을 조율했습니다.

처음부터 율관을 단단한 금속으로 만들면 되지 않느냐구요? 박연이 동을 이용해서 율관을 만들어보았는데, 소리가 제대로 나지 않았다고 합니다.

단위를 정하는 여러 신체 기준들

먼 옛날 사람은 손과 발을 기준으로 길이를 측정 했습니다. 이것이 측정법의 시작이지요. 나라가 생긴 이후에는, 왕들이 자신의 신체의 일부분을 가지고 길이 등의 단위를 정하기도 했습니다.

하지만 가령 왕의 손가락 폭으로 길이의 단위를 정했다고 할 때, 매번 왕의 손가락의 길이와 맞는지 확인하러 가는 일은 번거로웠습니다. 그리고 왕이 죽고 나면 길이를 확인할 방법이 없어서, 또 다른 단위를 정해야 했습니다. 그래서 절대 변하지 않는 항상 일정한 기준을 찾는 일이 중요했습니다. 같은 이유로 동양에서는 '황종'이라는 일정한 '음'을 기준으로 도량형의 단위를 정한 것입니다.

프랑스혁명과 미터법

오늘날 세계 공통으로 사용하는 길이 단위인 미터는 약 230년 전 프랑스에서 만든 것입니다. 1789년 프랑스 대혁명에 성공한 프랑스 정부는 그때까지 제각각이었던 길이의 단위를 통일해야겠다고 생각했고, 탈레랑(1754~1838)이 다음과 같이 제의했습니다.

미래에도 영원히 바뀌지 않는 것을 기초로 해서 단위를 만들자.

그래서 세계 모든 나라 사람들과 관계가 있는 길이의 기준을 찾기로 했습니다. 그것이 바로 지구입니다. 1791년에 지구의 북극에서 남극까지 자오선 상 거리의 2천만분의 1을 1m라는 기준단위로 정하기로 했습니다. 하지만 이 길이를 측정하는 데도 육 년이나 걸렸습니다. 길이를 측정하기 위해서 파견된 측량대가 적의 군대로 오해받기도 하고, 스페인과 프랑스의 전쟁에 휘말리기도 했습니다. 1872년에는 세계 각국의 위원들이 프랑스 파리에 모여서 이 기준에 따를 것을 결정했습니다. 이렇게 정해진 도량형단위계를 미터법이라고 하는데, 미터를 바탕으로 해서 들이 단위인 리터, 무게 단위인 킬로그램을 정했기 때문입니다.

그런데 과학이 발달하면서 지구 크기를 점점 더 정밀하게 측정하게 되었고, 그때마다 1m의 길이를 고치는 것은 힘든 일이 되었습니다. 그래서 1965년 국제회의에서 크립톤이라는 기체가 내는 빛의 파장을 1m 길이의 표준단위로 삼았습니다.

그리고 1983년에 이 길이를 좀 더 정확히 하기 위해서 빛이 진공에서 $\dfrac{1}{2억9979만2458}$ 초 동안 움직인 경로의 길이를 1m로 정했습니다.

기장 90알을 늘어놓은 황종관의 길이가 9촌이므로 100알의 길이가 10촌이 되며, 다음과 같은 단위가 완성됩니다.

기장 100알의 길이를 황종척 1척이라고 합니다.

1척=10촌, 1촌=10푼, 1푼=10리, 1리=10호, 1호=10사

황종관을 기준으로, 길이, 들이, 무게 단위가 결정됩니다.

황종관의 길이=9촌(약 31cm)

황종관의 둘레=9푼(약 3.1cm)

황종관의 부피=810푼이고 기장알 1,200알이 들어간다.

=이 양을 1약이라 한다(2약=1합).

황종관을 채운 물의 무게=88푼=12수(24수=1냥)

황종척으로 1척은 지금의 약 34.7cm에 해당합니다.

『경국대전』*에 실린 다음의 들이와 무게 단위는 세종대왕 때 만든 황종관을 기준으로 정비된 것입니다.

우리나라에 서양의 미터법이 채택된 것은 광무 6년(1902)인데, 그때까지는 세종대왕이 세운 도량형 제도가 사용되었습니다.

옛날에는 논밭 측량을 어떻게 했을까?

양전(量田)은 세금을 거두어들일 논밭을 측량하는 일을 말하는데, 국가 재정을 마련하기 위한 중대한 국가사업이었습니다. 그래서 조선의 왕들은 지역별로 계속해서 양전을 실시했습니다.

양전 사업에는 농토의 비옥도나 황폐화 정도, 아직 등록되지 않은 논밭, 토지대장에 허위로 기재된 내용 등을 조사하는 일까지도 포함됩니다.

조선 건국에서 세종대왕 초기까지의 양전척은 고려의 제도를 그대로 이어받은 것이었습니다.

농부의 손 이지(二指)로 열 번을 재서 상전척(上田尺)으로 삼고, 이지(二指)로 다섯 번 또 삼지(三指)로 다섯 번을 재서 중전척(中田尺)으로 삼고, 삼지(三指)로 열 번을 재서 하전척(下田尺)으로 삼았다(『세종실록』 12년 8월 10일).

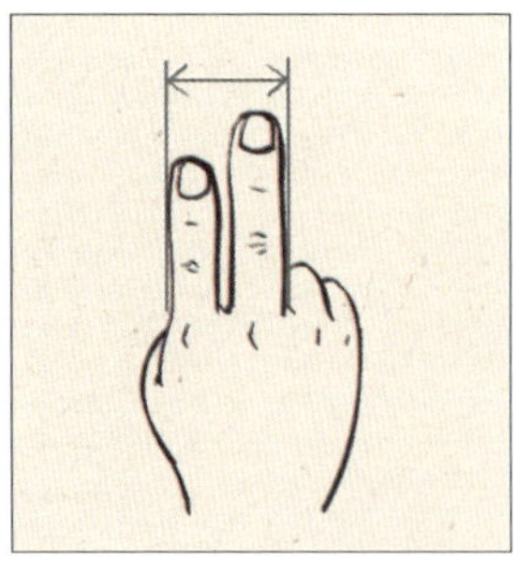

손가락 두 개의 너비를 10번 재면 상전척

이와 같이 원시적으로 손가락의 너비를 이용하여 대충 잰 것이 '지척(指尺)'입니다.

세종 25년에 비로소 양전척의 길이가 고정되었으며, 논밭의 등급에 따라 다른 척을 사용하도록 했습니다. 그런데 이 방법은 측량하는 과정에서 많은 혼란이 있었습니다.

효종 4년(1653)에는 수확량에 따라서 단위를 정하는 방법을 사용하도록 했습니다. 하지만 이 방법도 모순이 많았습니다. 어떤 방법이든 농지를 정밀하게 측량하지 않았기 때문에 문제가 생기는 것이었습니다. 토지 측량에 필요한 최소한의 지식인 간단한 사칙연산조차도 농민에게는 대단한 마술처럼 보였고, 이보다 고급인 계산법은 관리들 사이에서도 희귀한 기술로 여겨졌습니다. 따라서 이런 능력을 지닌 산사(算士)의 긍지 역시 대단했을 것입니다.

하지만 이들은 순수한 수학연구가로서 수학을 탐구하지는 못했습니다. 세금을 거두는 일에만 치중했지 수학적으로 공정히 측량해 보려는 정신은 부족했던 것입니다.

암행어사의 필수품, 놋쇠자

암행어사는 『중종실록』에 처음 나오는데 암행어사는 마패 외에도 오른쪽과 같은 1척 1촌 기준의 놋쇠로 만든 표준자를 가지고 다녔습니다.
암행어사는 이 자를 들고 다니면서 세금을 거두는 도구가 규격에 잘 맞는지 확인했다고 합니다. 이 놋쇠자는 사각기둥 모양으로 사면에 주척, 예기척, 황종척, 영조척, 포백척이 새겨져 있습니다

놋쇠자(덕수궁 궁중유물 전시관 소장)

1 동양에서 황종관을 도량형의 기준으로 정한 이유는 무엇일까요?

2 황종관의 길이를 이용한 '삼분손익법' 으로 남은 11개의 율관을 만들었습니다. '삼분손익법' 이란 무엇일까요?

3 한반도에서 서민들 사이에 수학이 발달하지 않은 이유를 생각해 보세요.

4 황종관의 길이는 기장 90알을 늘어놓은 길이입니다. 그런데 왜
박연은 알맞은 기장을 구하는 것이 힘들다고 했을까요?

5 산학 관리가 있었음에도, 농지를 정밀하게 측량하지 못한 이유
는 무엇일까요?

算學啓蒙
九章算術
周髀算經
楊輝算法

09

옛날에는 어떤 수학책들이 있었을까?

한국에는 세계에서 가장 많은 고인돌이 있는데, 전세계 고인돌 수의 약 60%인 3만 여개가 있습니다. 어떤 고인돌은 덮개돌 하나의 무게만 약 80톤 즉 8만 킬로그램인 것도 있습니다.

고인돌은 고대의 무덤인데, 이런 어마어마한 돌을 옮긴 것을 보면 많은 사람들을 조직적으로 움직이게 할 수 있는 수학적 지식이 있었던 것이 분명합니다. 하지만 불행히도 기록이 남아있지 않아서 정확히 설명할 방법은 없습니다.

수학지식을 체계적으로 사용하였다는 것이 기록으로 남겨지기 시작한 것은 삼국시대부터입니다. 중국에서는 나라를 다스리기 위해 율령을 제정했습니다. 율령이란 법률을 말하며, 율령으로 나라를 다스리는 것을 율령정치라고 합니다.

율령정치를 하기 위해서는 수학 지식이 있는 관리가 필요한데, 그 이유로 다음 두 가지를 들 수 있습니다.

첫째, 국가 조직을 유지시키는 목적으로 이뤄지는 현실적인 일을 해결하는데 필요한 수학 지식을 가진 사람이 필요했습니다. 예를 들어 토지를 측량하여 적정한 세금을 매기거나, 나라 일을 하는 데 필요한 여러 가지 기록이나 계산을 하고 달력의 날수를 계산하는 등의 일을 할 수 있는 사람이 필요했던 것입니다.

둘째, 수의 이치 등 형이상학적인 문제에 관한 수학 지식을 가진 사람이 필요했습니다. 왕이 나라를 다스리는 데는 하늘과 통하는 것으로 여겨지는 권위가 필요합니다. 세금을 거둘 때 사용되는 측량의 단위나 제사를 드릴 때 사용되는 음악의 음률을 정하거나, 달력에 어떤 수를 사용하면 좋을지 정하는 데에도 하늘이 정한 수로 나타내었다는 것을 보여줄 필요가 있었습니다.

우리나라는 삼국시대 때 율령정치를 도입해서 나라를 다스렸습니다. 그래서 수학이 필요했습니다. 『삼국사기』에는 신라 12대 왕인 첨해 이사금 5년(251)에 '부도' 라는 사람에 관한 다음의 기록이 있습니다.

이를 통해 삼국시대 초기에 이미 계산에 능한 사람들이 있었던 것을 알 수 있습니다. 이번 장에서는 앞에서 설명한 두 가지 필요에 따른 수학 지식을 담고 있는 옛날 수학(산학) 교과서가 어떤 것이 있었는지 살펴보겠습니다.

중국 당나라와 통일신라의 수학책

　중국의 당나라에는 국자감이라는 국제대학이 있었습니다. 외국에서 온 많은 유학생들이 국자감에서 공부를 하고 과거에 합격해서 당나라의 관리가 되기도 했고, 본국으로 돌아가서 일하기도 했습니다. 신라의 학자 최치원도 18세 때 당나라의 과거에 합격해 관리로 일했습니다.

　국제대학인 국자감에는 산학과가 있었는데, 여기서 사용한 수학 교과서는 다음과 같습니다.

당나라의 산학 교과서

산학 교과서명	수업연한		
『손자산경』	1년	제1조	『수술기유』와 『삼등수』는 보충 공통과목
『오조산경』			
『구장산술』	3년		
『해도산경』			
『장구건산경』	1년		
『하후양산경』			
『주비산경』			
『오경산술』			
『철술』	4년	제2조	
『집고산경』	3년		

수준이 낮은 사람은 제1조로 7년, 높은 사람은 제2조로 7년을 배운 것으로 보인다.

통일신라의 산학 교과서

산학 교과서명	수업 연한
『육장』 또는 『구장산술』	제 1조 9년 또는 그 이상
『삼개중차』	
『구장산술』 또는 『육장』	제2조 9년 또는 그 이상
『철술』	

원래는 4과목이 그냥 나열되어 있는데, 위와 같은 과정이었을 것으로 추측된다.

9년은 국학의 수업연한으로 산학도 마찬가지였을 것으로 본다.

당나라 산학 교과서로 쓰였던 10권의 책인 『주비산경』, 『구장산술』, 『손자산경』, 『수술기유』, 『해도산경』, 『철술』, 『오경산술』, 『하후양산경』, 『장구건산경』, 『집고산경』, 『오조산경』을 '산경십서'라고 하는데, 나중에 『철술』은 사라지고 『수술기유』가 산경십서에 포함됩니다.

산경십서 중 『구장산술』과 『철술』만이 통일신라의 산학 교과서로 쓰였지만, 다른 책들도 동양에서 읽혀진 중요한 수학책들입니다.

유학(留學) 문화는 예전에도 있었다!

고대 서양에서도 학문이 발전된 다른 나라로 유학을 가는 경우는 보편적인 일이었습니다. 잘 알려진 고대 그리스의 철학자이자 수학자인 탈레스와 피타고라스 등도 당시 가장 문명이 발전되었던 이집트의 알렉산드리아에서 유학 생활을 했습니다. 이집트에서의 유학 중에 탈레스가 피라미드의 높이를 재었다는 유명한 이야기도 있습니다. 마찬가지로 동양에서는 중국으로 유학을 갔던 것입니다.

일본 고대의 산학교과서

산학 교과서명	수업 연한
『구장산술』 또는 『육장』	
『해도산경』	
『주비산경』	
『오조산경』	제1조 7년
『구사』	
『손자산경』	
『삼개중차』	
『구장산술』 또는 『육장』	제2조 7년
『철술』	

일본 고대의 산학교과서는 왼쪽과 같습니다. 고대 일본은 고구려, 백제, 신라를 통해서 중국의 산학을 받아들였습니다. 그런데 일본 산학교과서에는 당나라에는 없고 통일신라에만 있는 『삼개중차』, 『육장』, 『구사』가 들어 있습니다. 이 책들은 우리나라에서 중국의 수학책을 재편집해서 만든 것으로 보입니다. 즉 일본은 우리나라를 통해서 중국의 문물을 받아들이면서 우리나라 산학의 영향을 많이 받았던 것입니다.

고려의 수학책

『고려사』에는 산학 과거시험 출제 내용이 적혀 있습니다. 시험 출제 방식을 보면 당시의 산학 학습법이 원리의 이해나 응용 능력보다는 내용을 얼마나 잘 외우고 있느냐를 훨씬 중요하게 생각했던 것을 알 수 있습니다. 또한 고려의 산학 교과서를 왼쪽과 같이 추측할 수 있는데, 통일신라의 교과서 중 『육장』을 『사가』로 바꾼 것만 다릅니다.

기록으로 남아있지는 않지만, 고려에는 이 책들 외에도 산경십서가 있었으며 또한 중국의 수학책인 『산학계몽』, 『양휘산법』, 『상명산법』 등이 들어와 있었을 것입니다.

고려시대 470년(918~1392) 동안은 중국의 송나라, 금나라, 원나라, 명나라 초기에 해당하는데, 중국 수학의 황금기라고 불립니다.

1126년에 금나라가 송나라의 황제를 사로잡자, 송나라는 수도를 남쪽으로 옮겨 1279년까지 약 150년을 '남송'으로 불리게 됩니다. 이때를 '상업혁명의 시대'라고 합니다. 남송의 땅은 비옥했으며, 양쯔 강을 이용한 빠른 운송 덕분에 국가 수입이 많아졌고, 민간 무역의 규모도 커졌기 때문입니다.

상인들은 멀리 인도와 아프리카(아랍)와도 무역을 했고, 화폐 유통이 활발했으며, 계산 기술이 발달하였습니다. 이때부터 주판이 중국 상인의 대표적인 계산기로 널리 사용되었습니다.

송나라 초기까지 수학은 귀족의 교양이나 관리들의 계산 기술로 여겨졌지만 남송시대를 지나면서 신분과 관계없이 수학 그 자체에 흥미를 가진 사람들에 의해 순수하게 연구되었습니다. 활발한 경제활동 덕분에 서민들 사이에서도 수학이 다루어지게 되었습니다.

이때의 대표적인 서민 수학자는 『양휘산법』을 쓴 양휘(楊輝)와, 『산학계몽』을 쓴 주세걸(朱世傑), 『상명산법』을 쓴 안지제(安止齊)입니다.

조선의 수학책

세종 때의 산학 과목은 다섯 가지인데, 상명산, 양휘산, 계몽산, 오조산, 지산입니다. 각각의 교과서는 『상명산법』, 『양휘산법』, 『산학계몽』, 『오조산경』이었을 것이고, 지산은 측량술로 보입니다.

세조 때 시작되어 성종 때 완성된 법전인 『경국대전』에는 이 중 『양휘산법』, 『산학계몽』, 『상명산법』 세 가지만을 산학 교과서로 기록하고 있습니다.

조선을 건국한 태조는 무엇보다도 토지조사를 서둘렀습니다. 고려말에 토지조사가 제대로 이루어지지 않자 국가 재정이 바닥나고, 군량이 떨어지고, 관리의 월급이 밀리는 등의 일이 생겼습니다. 그러자 이성계는 궁정과 귀족, 관료, 승려 등의 땅을 빼앗아서 다시 분배했습니다. 이 과정에서 기존 권력층의 경제적 기반이 무너지게 되었고, 새로운 세력들을 기반으로 이성계는 조선을 세웠던 것입니다.

이와같이 이성계는 조선을 건국하자 농지를 정리하고 분배하는 일부터 시작했던 것이고, 덕분에 나라의 경제적 기초를 튼튼히 할 수 있었습니다.

농사를 지을 수 있는 땅이 고려 말기에는 총 80만 결이었는데, 조선 태종 때에는 100만 결, 세종 때에는 180만 결에 이르렀다고 합니다. 이것은 실제로 농사 지을 땅이 늘기도 했지만, 측량을 더 철저하게 했기 때문이기도 합니다. 이렇듯 농지를 측량하기 위해서 조선 초기에는 산학자가 갑자기 많이 필요하게 되었습니다.

또 세종대왕 때에는 왕 자신이 나서서 산학을 공부했고, 학자와 관리들도 산학을 중요하게 생각하는 분위기가 있었습니다.

『세종실록』 25년 11월 17일에 다음과 같은 기록이 있습니다.

산학은 술수에 불과하지만, 국가 행정에는 필수적 기술이다. 이 때문에 역대 왕조가 모두 산학을 중요시했다. …… 최근 농지를 등급별로 측량하는 데 이순지, 김담 등의 활약이 없었다면 그 셈을 능히 할 수 있었을까. 산학을 널리 익히게 하는 방법을 찾아내어라.

세종대왕은 자신도 정인지로부터 『산학계몽』으로 강의를 받았고, 직위가 높은 신하들에게도 산학을 배우게 했습니다. 뿐만 아니라 산학을 전문으로 가르치는 습산국을 만들었고, 세종 13년(1431)에는 통역사 중 뛰어난 두 사람을 선발하여 산학 연구를 위해 중국으로 유학을 보냈습니다.

『세종실록』 15년 11월 15일자 기록에는 다음과 같이 이조*에서 건의를 한 내용이 있는데, 세종은 이것을 계기로 산학을 일으키는 데 더욱 힘썼습니다.

＊ 이조 : 벼슬아치를 임명하는 등의 일을 하던 기관

무릇 만물의 변화를 다 알려면 반드시 산수를 알아야 합니다. 고대 중국의 교육 과목인 육예 중에 수가 들어 있는 것도 이 때문입니다. 고려에서 이 때문에 관

같은 해인 세종 15년(1433)에 경상도 감사가 산학책인 『양휘산법』 100
권을 다시 찍어 왕에게 바쳤다는 기록도 있습니다.

임진왜란(1592~1598)으로 조선의 피해는 엄청났습니다. 왕의 권위가 떨어졌을 뿐 아니라 사회 제도와 경제 제도, 신분 제도 등이 혼란스러워졌습니다. 땅도 황폐해져서 토지대장에 기록된 농지의 넓이도 전쟁 전에 비해 세 배나 감소했습니다. 따라서 국가 재정이 피폐해졌으며, 관리들은 봉급을 제대로 받지 못하여 관료 조직이 약해졌습니다.

다음은 임진왜란 이후 약 60년 만인 현종 1년(1660)에 김시진이 펴낸 『산학계몽』의 중간본 서문에 있는 글로, 임진왜란 이후 산학이 어떠했는지 알 수 있습니다.

여태 남아 있는 수학책은 『상명산법』 정도에 지나지 않았으나, 마침 『양휘산법』의 초본을 찾아냈고, 이번에 또다시 국초인본*의 『산학계몽』을 입수할 수 있었다. 그리하여 경선징과 함께 파손된 부분을 본래의 모습대로 바르게 잡았다.

* 국초인본 : 세종 시대의 인쇄본

이 글에서 산학 교과서인 『산학계몽』이나 『양휘산법』 등의 수학책이 침략군과 난민들의 파괴와 약탈 때문에 사라져 버린 것을 알 수 있습니다. 17세기 말 무렵에 쓰인 수학책에서는, 가장 기본이 되는 수학책인 『구장산술』조차도 찾을 수 없다고 적혀 있습니다. 뿐만 아니라 세종 대부터 전쟁 전까지의 약 150년 동안에 한국인이 쓴 수학책도 있었을 것이지만, 이런 기록은 모두 사라져 버렸습니다.

『산학계몽』과 일본 전통 수학 와산의 탄생

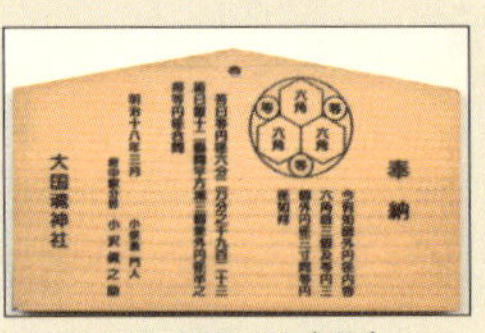

신사에 걸린 수학 액자, '산액'

『산학계몽』은 원나라 때 만들어진 것으로 중국에서는 명나라 때 없어졌다가, 청나라의 학자 나사림이 조선에서 만들어진 『산학계몽』을 구해가서 다시 펴냈다고 합니다(1839).

또한 일본은 임진왜란 때 조선에서 여러 가지 수학책을 가져갔는데, 특히 『산학계몽』을 바탕으로 일본의 전통수학 와산[和算]을 탄생시켰습니다. 와산은 특히 18세기 일본의 에도 시대에 발달했습니다. 일본 사람들은 신분이나 직업에 상관없이 와산을 취미로 삼았다고 합니다.

위의 그림은 일본에 흔하게 있는 신을 모시는 신사에 걸린 현판의 모형입니다.

누군가 현판에 와산 문제를 적어서 걸어두는 것은 "난 이 문제를 풀었다. 도전할 사람이 있는가?"라는 의미입니다. 그럼 다른 사람들이 자기 나름의 방식으로 푼 것을 현판에 적어 그 옆에 자랑스럽게 걸어둡니다. 혹은 비슷한 다른 문제를 내서 걸어두기도 합니다. 이런 식으로 직접 문제를 만들기도 하고, 문제를 푸는 다른 방법을 찾아서 자랑스럽게 걸어두는 분위기 덕분에 와산은 모두의 취미로 여겨져서 더욱 발달했습니다.

1 일본의 산학 교과서가 한반도의 영향을 받았다고 생각하는 이유는 무엇일까요?

2 다음 글을 읽고, 고려의 산학 교과서가 무엇이었고 당시 산학 학습법이 어떠했는지 추측해 보세요.

> 산학의 과거 시험인 명산업의 시험 출제 내용이 『고려사』에 적혀 있습니다.
>
> 명산업은 이틀 동안 치르며, 수학책(산서)의 내용을 출제한다.
> 첫 날은 『구장』 10조, 둘째 날은 『철술』 4조, 『삼개』 3조, 『사가』 3조 모두 치른다. 또 『구장』 10권을 암송하고 그 이치를 설명하되, 여섯 문제씩의 질의를 여섯 번 치르고, 그 중 네 번을 통과해야 한다. 『철술』은 네 번에 걸친 암송 중 두 번의 질의를, 『삼개』 세 권에서 두 번의 질의를, 『사가』는 세 번 중 두 번의 질의에 답해야 한다.

3 고려시대 당시 중국의 서민 수학자가 쓴 수학책 세 권의 제목을 써보세요.

正
正
一

10

옛 수학책을 풀어보자

나라가 발전하면서 삼국시대에는 수학의 실용적인 지식이 토지 측량이나 세금부과, 건축, 무역, 수송 등 여러 분야에서 점차로 더 많이 필요하게 되었습니다. 『삼국사기』에는 다음과 같은 글이 있습니다.

이처럼 창고 관리의 수를 계속 늘려야 할 정도로 창고 관리 업무가 계속 늘어났습니다. 창고 관리 업무에는 물량에 관한 계산이 반드시 들어 있습니다.

또한 1933년 일본 정창원에서 발견된 통일신라시대의 「민정문서」에는 네 개의 촌락에 관한 주위 사방의 거리, 집 수, 인구수, 논밭의 넓이, 가축의 수, 나무의 수 등이 기록되어 있습니다. 이것은 통일신라에서 회계 관리의 업무에 필요한 계산을 하고 있었음을 보여 줍니다.

계산에 필요한 수학 지식은 산경십서를 통해 얻었는데, 위와 같이 행정 처리에 관계된 수학 지식은 주로 『구장산술』을 중심으로 익힌 것입니다. 또 하늘의 아들 즉 천자의 권위를 세우려면 하늘의 일을 백성들에게 잘 알려줘야 하므로, 왕은 천문을 관측하는 일을 중요하게 생각했습니다. 천문학에는 여러가지 수와 계산이 필요하기 때문에 천문학과 수학은 함께 발전해 갔습니다. 이와 같은 천문에 관계된 수학 지식은 주로 『주비산경』을 중심으로 익힌 것입니다.

또한 조선시대로 넘어가면서 『오조산경』, 『상명산법』, 『산학계몽』, 『양

휘산법』이 산학자들이 산학을 익히는 데 사용한 주요 교재였습니다. 이
런 수학 교재들의 내용은 정치, 경제 생활에 어떻게 활용되었을까요?

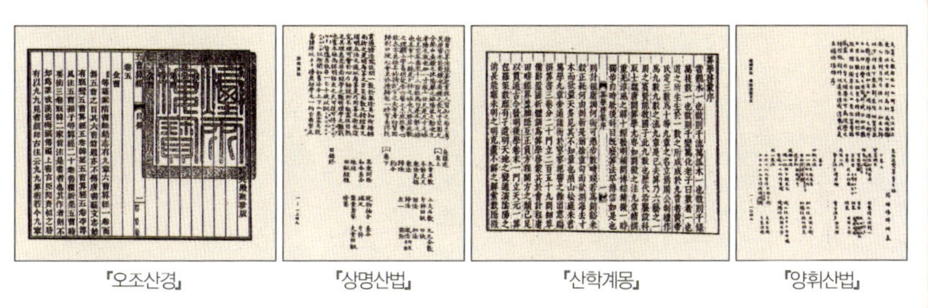

『오조산경』　　　『상명산법』　　　『산학계몽』　　　『양휘산법』

　'산경십서' 와 조선시대 수학 교과서가 출판된 순서를 대략적으로 소개하면 다음과 같습니다.

　『주비산경』은 천문에 관한 책으로 산경십서 중 가장 오래된 책으로 보입니다. 구고현의 정리(피타고라스 정리)가 들어있으며, 원주율을 3으로 계산하고 있습니다.

　『구장산술』은 한나라 때 엮은 책으로, 이전의 수학 자료들을 모아 정리한 것입니다. 나중에 유휘가 주석을 붙여서 펴냅니다.

　『수술기유』는 후한 말의 서악이 쓴 것으로 주판에 대한 내용이 있습니다.

　『해도산경』은 유휘가 쓴 것으로, 측량에 관한 내용입니다.

　『손자산경』은 한나라 때의 순체가 쓴 것으로, 연립방정식 문제 등이 들어있습니다.

　『철술』은 남북조시대인 480년쯤 조충지가 쓴 것입니다. 원주율 계산 방법 등을 적었습니다. 그는 500년 경 구의 부피도 구했습니다.

　『오경산술』은 남북조시대인 550년쯤 견란이 썼습니다.

　『하후양산경』, 『장구건산경』도 이 무렵에 나왔습니다.

　『집고산경』은 625년쯤 왕효통이 쓴 것으로 이차방정식을 사용하고 있습니다.

　『오조산경』은 전조, 병조, 집조, 창조, 금조의 다섯 개 관서에서 사용되는 수학입니다.

　여기까지가 산경십서인데, 『수술기유』는 처음에는 산경십서가 아니었지만, 나중에 『철술』은 어렵다고 해서 빠지고 『수술기유』가 들어갑니다.

　『양휘산법』은 남송의 양휘가 1275년에 쓴 것입니다.
　『산학계몽』은 원나라의 주세걸이 1299년에 쓴 것입니다.
　『상명산법』은 명나라 초기의 안지제가 1373년에 쓴 것입니다.

　이중에서 대표적인 수학책인 『구장산술』, 『주비산경』, 『오조산경』, 『양휘산법』, 『산학계몽』, 『상명산법』의 내용을 살펴봅시다.

『구장산술』은 다음과 같이 아홉 개의 장으로 나누어져 있습니다.

❶ 방전(方田) : 여러 형태의 토지의 넓이를 구하는 법(38문제)

❷ 속미(粟米) : 속미(조)를 기준으로 곡물과 그에 관계된 것들의 교환에 관한 문제(46문제)

❸ 쇠분(衰分) : 비례배분의 문제(20문제)

❹ 소광(小廣) : 여러 형태의 토지의 넓이로부터 변이나 지름의 길이를 구하는 방법(24문제)

❺ 상공(商工) : 토목공사에 관계된 입체의 부피를 구하는 법이나 인부의 수를 계산하는 방법(28문제)

❻ 균수(均輸) : 조세를 거두는 과정에서 발생하는 여러 문제를 해결하는 방법(28문제)

❼ 영부족(盈不足) : 과부족에 관한 문제(20문제)

❽ 방정(方程) : 일차연립방정식을 푸는 문제(18문제)

❾ 구고(句股) : 직각삼각형에 관한 문제(24문제)

토지 측량법

우리나라는 농업 국가이기 때문에 나라 재정을 위해서 토지제도가 중요했습니다. 따라서 농지 측량을 하는 기술 관리가 꼭 필요하지요.

그런데 논밭은 땅을 자연 그대로 이용한 것이어서 그 모양이 매우 다양했습니다. 그래서 정사각형(방전), 직사각형(직전), 이등변삼각형(규전), 사다리꼴(제전), 원형(원전), 궁형(호전), 고리 모양(환전), 구전(갈고리 모양의 밭) 등 구별이 쉬운 몇 가지로 나누어 땅의 모양마다 넓이의 계산 규칙을 익혔던 것으로 보입니다.

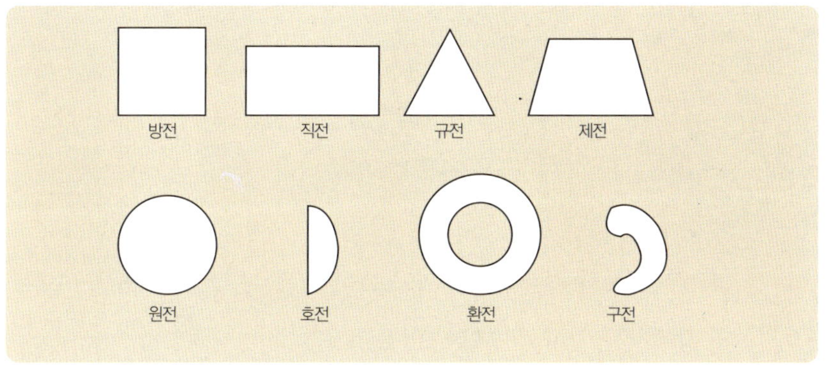

[문제] 원 모양의 땅이 있다. 둘레는 30보*, 지름이 10보일 때 넓이는 얼마인가?

답_ 75보^2

옛풀이 원주율을 3으로 하고, (반원의 둘레)×(반지름)으로 구한다.
15보×5보=75보^2

초등 교과서 풀이 원주율을 3.14로 하고, (반지름)×(반지름)×3.14로 구

* 보 : 보통 장년 남자의 발걸음을 기준으로 정한 단위 길이

한다.

$$5보 \times 5보 \times 3.14 = 78.5보^2$$

만약 원주율을 3으로 한다면 옛 풀이와 계산결과가 같다.

$$5보 \times 5보 \times 3 = 75보^2$$

중학 교과서 풀이 원주율을 π(파이)로 한다.

$$5보 \times 5보 \times \pi = 25\pi 보^2$$

세금 계산법

(1) 논밭의 넓이에 따른 수확량을 알아야 세금을 거둘 수 있습니다.

* 넓이 단위
  1경=100무
  1무=240보^2
* 들이 단위
  1곡=10두
  1두=10승

[문제 1] 밭 1무(畝)에서 곡식 $6\frac{2}{3}$ 승의 수확이 있을 때, 밭 1경 26무 159보^{2}의 땅에서는 얼마의 수확이 있겠는가?

답_ 8곡 4두 $4\frac{5}{12}$ 승

옛풀이 1무 즉 240보^2 을 나누는 수로 한다. $6\frac{2}{3}$ 승을 밭 넓이인 1경 26무 159보^{2}과 곱해서 나누어지는 수로 한다.

$$1경 26무 159보^2 = 24,000보^2 + 6,240보^2 + 159보^2 = 30,399보^2$$

$$30,399보^2 \times 6\frac{2}{3} \div 240보^2 = 844\frac{5}{12}$$

초등 교과서 풀이 비례식으로 풀면 간단하다.

$$240 : 6\frac{2}{3} = 30,399보^2 : x$$

$$x = 30{,}399\,\text{보}^2 \times 6\frac{2}{3} \div 240\,\text{보}^2$$

즉 옛 풀이와 같다.

(2) 나라의 공사에 노동력을 제공하는 일도 세금의 하나입니다.

[문제 2] 지금 북향에 8,758명, 서향에 7,236명, 남향에 8,356명의 장정이
있다. 이 세 고을에서 378명을 주민 수에 따라 징발하려고 할 때
각각 몇 명씩이면 좋은가?

$$\text{답\_ 북향은 } 135\frac{1{,}1637}{12{,}175} \text{ 명,}$$
$$\text{서향은 } 112\frac{4{,}004}{12{,}175} \text{ 명,}$$
$$\text{남향은 } 129\frac{8{,}709}{12{,}175} \text{ 명}$$

옛풀이 주민 수를 모두 더한 24,350명을 나누는 수로 한다. 징발할
장정 수 378명과 주민 수를 각각 곱한 값을 나누어지는 수로 한다.

북향은 $(378 \times 8{,}758) \div 24{,}350 = 135\frac{11{,}637}{12{,}175}$ 명이고,

서향은 $(378 \times 7{,}236) \div 24{,}350 = 112\frac{4{,}004}{12{,}175}$ 명,

남향은 $(378 \times 8{,}356) \div 24{,}350 = 129\frac{8{,}709}{12{,}175}$ 명이다.

이것은 다음 초등 교과서 풀이와 같다.

초등 교과서 풀이 비례배분을 구하면 간단하다.

$$8{,}758 + 7{,}236 + 8{,}356 = 24{,}350 \text{명}$$

북향은 $378 \times \dfrac{8,758}{24,350} = 135 \dfrac{11,637}{12,175}$ 명,

서향은 $378 \times \dfrac{7,236}{24,350} = 112 \dfrac{4,004}{12,175}$ 명,

남향은 $378 \times \dfrac{8,356}{24,350} = 129 \dfrac{8,709}{12,175}$ 명이다.

곡물의 교환과 무역에 관계된 계산법

(1) 당시에는 물물교환을 하였기 때문에 다음과 같은 문제가 생깁니다.

[문제] 좁쌀과 벼가 50 대 60의 비로 교환된다. 벼 12두 $6\dfrac{14}{15}$ 승은 좁쌀 얼마와 교환되는가?

답_ 10두 $5\dfrac{7}{9}$ 승

옛풀이 벼의 양에 5를 곱하고 6으로 나누면 좁쌀의 양이 된다.

12두 $6\dfrac{14}{15}$승 $\times 5 \div 6 = 10$두 $5\dfrac{7}{9}$ 승

초등 교과서 풀이 비례식으로 풀면 간단하다.

$50 : 60 = 5 : 6$이다.

$5 : 6 = x : 12$두 $6\dfrac{14}{15}$ 승

$x = 12$두 $6\dfrac{14}{15}$ 승 $\times 5 \div 6$

즉 옛 풀이와 같다.

(2) 외국과 무역을 하면서, 천을 구입하려고 합니다.

[문제 1] 720전으로 천 1필 2장 1척을 매입하였다면, 1장에 얼마인가?

$$답\_\ 118\frac{2}{61}\ 전$$

1필* 2장 1척** = 4장+2장+0.1장=6.1장

옛풀이 사는 물건의 양을 나누는 수로 하고, 지불한 돈을 나누어지는 수로 하여 물건의 단위당 값을 구한다.

$$720 \div 6.1 = 118\frac{2}{61} (전)$$

초등 교과서 풀이 비례식으로 풀면 간단하다.

$$720전 : 6.1장 = x : 1장$$

$$x = 720 \times 1 \div 6.1 = 118\frac{2}{61}(전)$$

즉 옛 풀이와 같다.

소득을 비례배분하는 계산법

[문제] '대부, 불경, 잠뇨, 상조, 공사'의 다섯 계급에 각각 속하는 다섯 사람이 다섯 마리의 사슴을 사냥하였다. 이것을 계급에 따라서 분배하여라. 단 5:4:3:2:1의 비로 분배하기로 되어 있다.

$$답\_\ 대부\ 1\frac{2}{3}\ 마리,\ 불경\ 1\frac{1}{3}\ 마리,$$

$$잠뇨\ 1마리,\ 상조\ \frac{2}{3}\ 마리,\ 공사\ \frac{1}{3}마리$$

옛풀이 분배할 비를 모두 더한 5+4+3+2+1=15를 나누는 수로 한다. 사슴 수 다섯을 각 비에 곱한 값을 나누어지는 수로 한다. 즉 나누어지는 수는 각각 25, 20, 15, 10, 5이다. 이렇게 정한 각각의 나누어지는 수를 나누는 수로 나눈다.

$$\frac{25}{15}=\frac{5}{3},\ \frac{20}{15}=\frac{4}{3},\ \frac{15}{15}=1,\ \frac{10}{15}=\frac{2}{3},\ \frac{15}{15}=\frac{1}{3}$$

초등 교과서 풀이 비례배분을 이용하면 간단하다.

$$\text{대부}: 5\times\frac{5}{15}=\frac{5}{3},\quad \text{불경}: 5\times\frac{4}{15}=\frac{4}{3},$$

$$\text{잠뇨}: 5\times\frac{3}{15}=1,\quad \text{상조}: 5\times\frac{2}{15}=\frac{2}{3},$$

$$\text{공사}: 5\times\frac{1}{15}=\frac{1}{3}$$

신라는 계급사회여서 계급에 따라 주택의 크기를 제한하는 다음과 같은 법이 있었습니다.

진골은 방의 크기가 가로, 세로 24척을 넘지 못하며, …… 육두품은 21척, 5두품은 18척, 4두품 이하 서민은 15척을 넘지 못한다.

즉 낮은 계급으로부터 차례대로 배분한다면, 5:6:7:8의 비로 정한 것이며, 관리의 등급에 따라 토지를 차별적으로 분배하기도 했습니다.

성 건축이나 토목공사와 관련된 계산법

『삼국사기』에는 성과 왕릉, 둑, 다리 등에 관한 기록이 많습니다. 이런 건축물을 지을 때는 다음과 같은 문제를 해결할 수 있어야 합니다.

[문제] 한 성이 있다. 아랫부분의 폭은 4장, 윗부분의 폭은 2장, 높이 5장, 그리고 길이가 126장 5척이라 한다면 부피는 얼마가 되는가?

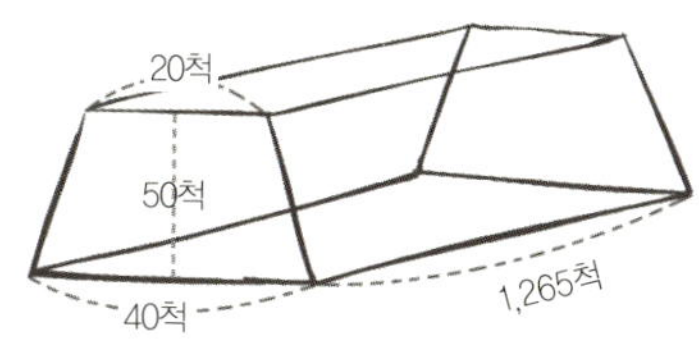

답_ 1,897,500척^3

옛풀이 아랫부분의 폭과 윗부분의 폭을 더하고 2로 나눈 후에 높이와 길이를 곱한다.

$(40+20) \div 2 \times 50 \times 1{,}265 = 1{,}897{,}500$

초등 교과서 풀이 밑면이 다음과 같은 사다리꼴이고 높이가 1,265척인 기둥으로 생각하고 부피를 구하면 된다.

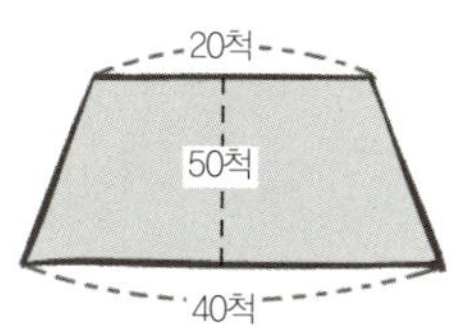

사다리꼴 넓이={(윗변)+(아랫변)}×(높이)÷2이므로 위 기둥의 부피를 구하는 식을 쓰면 옛풀이의 식과 같다.

공예품 제작과 관련된 계산법

(1) 금과 은은 지배층의 장신구로 사용되었습니다. 따라서 금과 은의 무게를 재는 일이 중요했기 때문에 다음과 같은 문제가 다루어졌을 것입니다.

[문제] 지금 금괴 9매(枚)와 은괴 11매의 무게가 같다고 한다. 금괴 1매와 은괴 1매를 바꾸어 넣었더니 13냥이 가벼워졌다. 금괴와 은괴 1매의 무게는 각각 얼마인가?

답_ 금괴는 2근 3냥 18수,

은괴는 1근 10냥 6수

옛풀이 금괴 9매와 은괴 11매가 무게가 같다고 했으므로, 금괴 1매가 3근이면 은괴는 $2\frac{5}{11}$가 되며, $\frac{49}{11}$가 부족하다. 금괴 1매가 2근이면 은괴는 $1\frac{7}{11}$이 되며, $\frac{15}{11}$가 남는다. 금괴 1매의 무게를 구할 때는 황금괴와 과부족 부분을 교차해서 곱하고 더한다. 이 값을 과부족 부분의 합으로 나눈다. 은의 무게도 같은 방법으로 구한다.

금괴 1매의 무게 : $(3 \times \frac{15}{11} + 2 \times \frac{49}{11}) \div (\frac{49}{11} + \frac{15}{11})$

은괴 1매의 무게 : $(2\frac{5}{11} \times \frac{15}{11} + 1\frac{7}{11} \times \frac{49}{11}) \div (\frac{49}{11} + \frac{15}{11})$

각각 값을 구해서 단위 환산을 하면 된다.

초등 교과서 풀이 간단한 연립방정식으로 풀 수 있다. 금괴와 은괴 각 1매의 무게를 x, y라고 하면,

$9x = 11y$

$(10y + x) - (8x + y) = 13$

이 식을 풀면 간단하다.

(2) 삼국의 문화를 '와전*문화' 라고 할 정도로 삼국은 기와와 벽돌을 만드는 기술이 발달했습니다. 백제는 기와 기술자를 '와박사' 라고 부르며 사회적으로 우대하였고, 신라는 '와기전' 을 두어 국가 차원에서 기와와 벽돌 제작에 힘썼습니다. 이런 대규모 계획 생산에는 다음과 같은 계산 문제가 있었을 것입니다.

[문제] 한 사람이 사흘 동안 수키와 38장, 2일 동안 암키와 76장을 만들 수 있다고 한다. 만약 하루 한 사람이 수키와와 암키와를 반반씩 만들려고 한다면 기와는 모두 몇 장이 되는가?

답_ 19장

옛풀이 6일 동안 한 사람이 만들 수 있는 수키와와 암키와의 수를 구한다. 수키와는 $38 \times 2 = 76$장, 암키와는 $76 \times 3 = 228$장이다.

곱하면 $76 \times 228 = 17,328$

더하면 $76 + 228 = 304$

$304 \times 6 = 1,824$

나온 값을 나눈다. $17,328 \div 1,824 = 9.5$

즉 수키와와 암키와의 장수는 모두 $9.5 \times 2 = 19$이다.

초등 교과서 풀이 하루에 한 일의 양을 구하는 문제이다.

수키와는 하루에 $\frac{38}{3}$장, 암키와는 하루에 $\frac{76}{2}$장을 만드므로, 하루에

만드는 각각의 장수를 x라 하면

$$\frac{3}{38}x + \frac{2}{76}x = 1$$

$$x = \frac{38 \times 76}{38 \times 2 + 76 \times 3} = 9.5$$

즉 수키와와 암키와의 장수는 모두 9.5×2=19장이다.

화물 수송에 관련된 계산법

삼국은 나라가 발전하면서 교통 시설을 넓히거나 정비하는 일이 많아졌습니다. 당시의 교통은 말을 이용했는데 화물 등의 수송에 관련된 문제가 발생합니다.

[문제] 좁쌀을 수송하려 한다. 갑현에는 10,000가구가 있고, 목적지까지는 8일이 걸린다. 을현에는 9,500가구가 있고, 목적지까지는 10일이 걸린다. 병현에는 12,350가구가 있고 13일이 걸린다, 정현에는 12,200가구가 있고 20일이 걸린다. 이 네 현에 모두 25만 섬의 좁쌀을 부과하려고 한다. 수레는 10,000대가 필요하다. 거리와 가구 수, 운반 일수에 따라 차이를 두어 할당한다면 좁쌀과 수레는 각각 얼마씩 있어야 하는가?

답_ 갑현은 좁쌀 83,100곡, 수레 3,324대
을현은 좁쌀 63,175곡, 수레 2,527대
병현은 좁쌀 63,175곡, 수레 2,527대

옛풀이 각각 가구의 수를 목적지까지 걸리는 시간으로 나누면, 갑현은 1,250, 을현과 병현은 950, 정현은 610이므로 비는 125 : 95 : 95 : 61이 된다. 이 비로 수레 10,000대를 할당하면 된다.

갑현은 $10,000 \times \dfrac{125}{125+95+95+61} =$ 약 3,324대,

을현, 병현은 $10,000 \times \dfrac{95}{125+95+95+61} =$ 약 2,527대,

정현은 $10,000 \times \dfrac{61}{125+95+95+61} =$ 약 1,622대이다.

좁쌀의 양은 구한 각각의 수레의 수에 부과된 좁쌀의 수인 25만 섬을 곱하면 된다.

갑현은 $3,324 \times 25 = 83,100$곡,

을현과 병현은 각각 $2,527 \times 25 = 63,175$곡,

정현은 $1,622 \times 25 = 40,550$곡이 된다.

초등 교과서 풀이 비례배분을 이용하여 구하면 위와 같다.

이처럼 고대 중국의 옛 산서 『구장산술』의 내용은 나라를 다스리는 데 필요한 여러 분야의 계산을 다루고 있는 기본 산서입니다.

우리나라에서는 이 책의 내용을 각각 필요한 부분에 따라 『육장』과 『삼개』 등으로 편집해서 사용했습니다.

『구장산술』의 내용이 오늘날 초등학교에서 중학교까지 배우는 수준이라 별 것 아닌 것처럼 보여도 지금부터 약 1,900년 전인 1세기경에 그 이전까지의 수학 내용을 정리한 것이라고 생각하면 대단한 일입니다.

지금 우리가 생각하기에는 옛날에 왕들은 자기 마음대로 정치를 한 것 같지요? 아닙니다. 왕들도 백성으로부터 인심을 얻으려 노력했습니다.

왕은 백성들 사이에서 불평이 생기는 것을 가장 두려워했답니다.

그래서 세금을 걷는 일에서부터, 백성들에게 일을 시키는 데에 공평함을 보여주려고 노력했던 것입니다. 이처럼 공평하게 정책을 시행하는 데에는 위와 같은 수학 계산이 중요한 역할을 한 것입니다.

하늘의 아들, 즉 천자의 권위를 세우려면 하늘의 일을 백성에게 알려주어야 하므로, 왕은 천문 관측을 중요하게 생각했습니다. 천문학에는 여러 가지 수와 계산이 필요하며 천문학과 수학은 함께 성장해 나갔습니다.

『삼국사기』에는 누각(물시계)박사와 천문박사 등을 임명했다는 기록이 있습니다. 이것은 곧 시각, 천문 그리고 달력 관계에 대한 지식을 가르치는 천문 제도가 있었다는 것을 말해 줍니다. 이런 천문 계산에 관계된 수학 지식은 『주비산경』을 중심으로 익힌 것으로 보입니다.

『주비산경』은 '구고법의 이치', 즉 직각삼각형에 관한 피타고라스 정리를 아는 것으로부터 시작됩니다.

구고 : 직각삼각형

구 : 직각을 이루는 두 변 중 짧은 변

고 : 직각을 이루는 두 변 중 긴 변

현 : 빗변

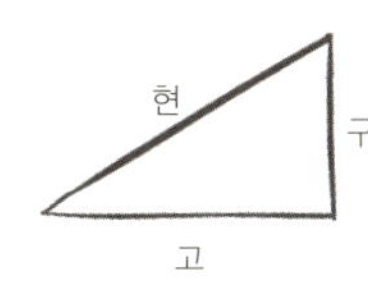

그리고 직각삼각형 세 변의 특수한 비인 3:4:5가 나오는 이유를 다음

과 같이 설명하고 있습니다.

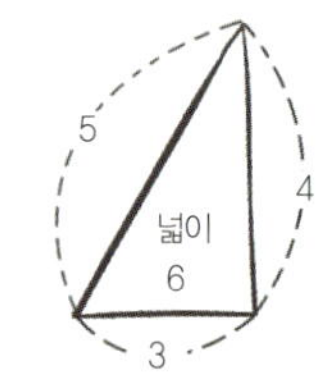

원지름이 1이면 둘레는 3이 된다.

(여기서 원주율을 3으로 생각했다)

정사각형의 한 변을 1로 하면 둘레는 4이다.

3을 구, 4를 고로 하는 이유는 원주와 정사각형의

둘레인 3, 4에 대응시키기 위해서이다.

그렇다면 현(빗변)은 수의 순서로 보아 5가 되는 것이 당연하다.

빗변이 5인 이유가 3, 4 다음의 수이기 때문이라는 설명은 황당합니다. 하지만 직각삼각형의 넓이까지 생각했을 때, 3, 4, 5, 6의 차례가 되는 것을 보고 이 수들의 관계에 신비감을 가졌을 것이라는 생각이 듭니다.

서양에서는 '$a^2+b^2=c^2$'과 같이 직각삼각형 세 변의 관계를 a, b, c와 같은 문자를 이용해서 일반화시키는 것에 관심이 컸습니다. 동양에서도 세 변의 관계를 구, 고, 현이라는 말로 설명하기는 하지만 구체적인 수로 나타내고 그 수에 철학적인 의미를 주는 데 더 관심을 가졌습니다. 특별히 모눈 위에 그림을 그려서 칸의 수를 따져서 생각할 수 있도록 한 것도 구체적인 수를 중요시 했기 때문입니다.

피타고라스의 정리를 중국에서는 '진자의 정리'라고 하는데, 진자는 이 정리를 발견한 중국 사람으로 생각됩니다.

진자의 정리는 다음과 같이 그림으로 설명되어 있습니다.

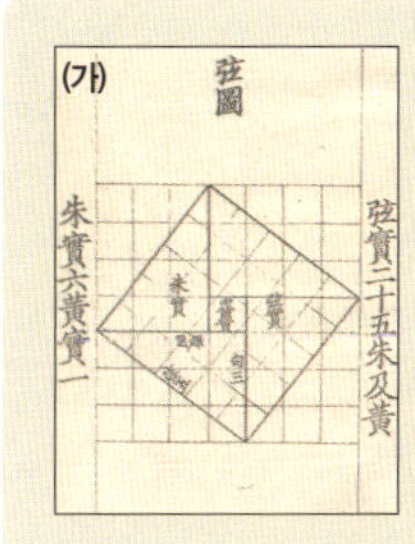

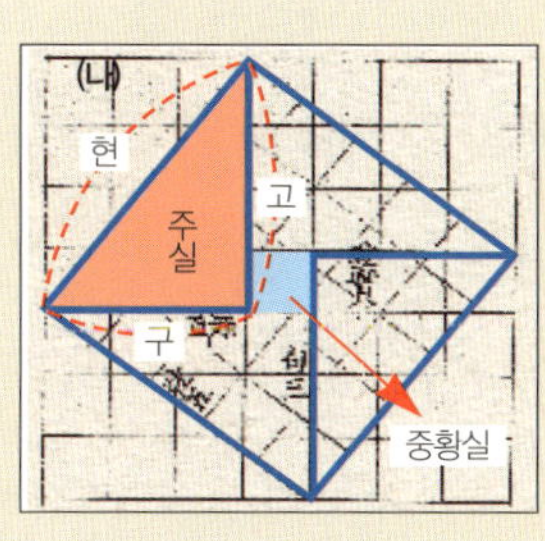

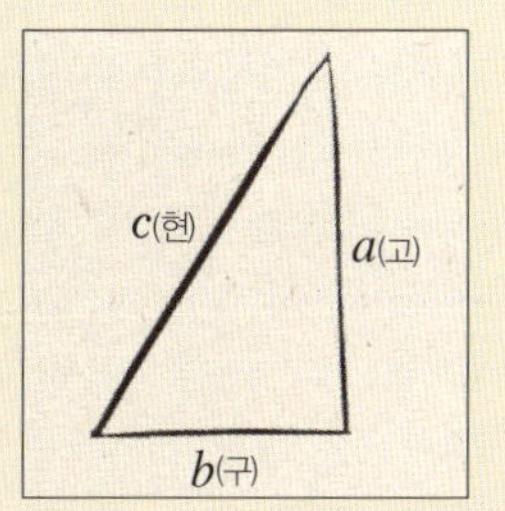

그림 (가)를 이용해서 현$=\sqrt{구^2+고^2}$을 설명하고 있습니다.

주실=(구×고)÷2

주실 4개의 합=2×(구×고)

중황실=(고−구)^2

큰 정사각형의 넓이는 (현^2)= (중황실 1개) + (주실 4개)이므로

현^2=(고−구)^2+2×구×고

$c^2=(a-b)^2+2ab$

$c^2=a^2+b^2$

이고 칸의 수를 세어서 따져 보면 $5^2=3^2+4^2$이 됩니다.

그렇다고 『주비산경』이 직각삼각형 세 변의 길이를 3, 4, 5에만 고집하는 것은 아닙니다. 다음은 6, 8, 10을 보여 줍니다.

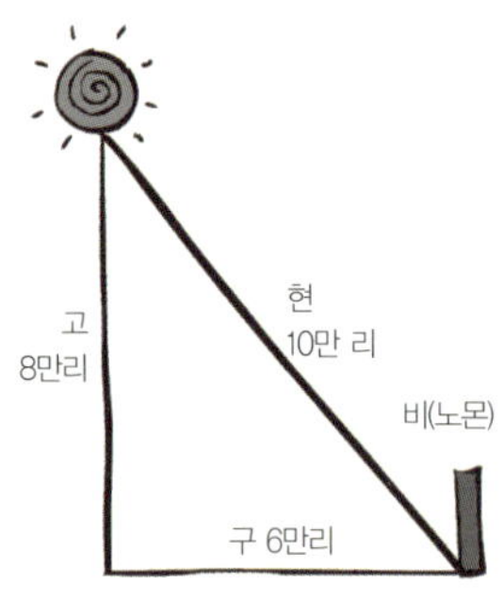

[문제 1] 막대가 서 있는 곳으로부터 태양의 바로 아래, 즉 막대의 그림자가 생기지 않는 곳까지는 6만 리이다. 처음의 지점에서 태양 바로 아래까지의 거리를 '구(句)', 여기에서 태양까지의 높이를 '고(股)'로 할 때, 막대에서 태양까지의 거리 현을 구하여라.

답_ 10만 리

풀이 '구'와 '고'를 각각 제곱하여 합한 값의 제곱근을 구해서 막대에서 태양까지의 거리 10만 리를 얻을 수 있다.

$$\sqrt{6^2+8^2} = \sqrt{100}=10$$

6, 8, 10은 3, 4, 5를 각각 두 배씩 한 것이므로, 3, 4, 5를 다룬 것과 마찬가지라구요? 다음과 같이 3, 4, 5의 비를 이용할 수 없는 경우도 다루고 있습니다.

[문제 2] 주나라 땅에서 북극까지는 103,000리이고, 북극에서 동짓날에 태양의 바로 아래 있는 곳까지는 238,000리이다. 그럼 주나라 땅에서 태양 바로 아래 있는 곳까지의 거리는 얼마인가?

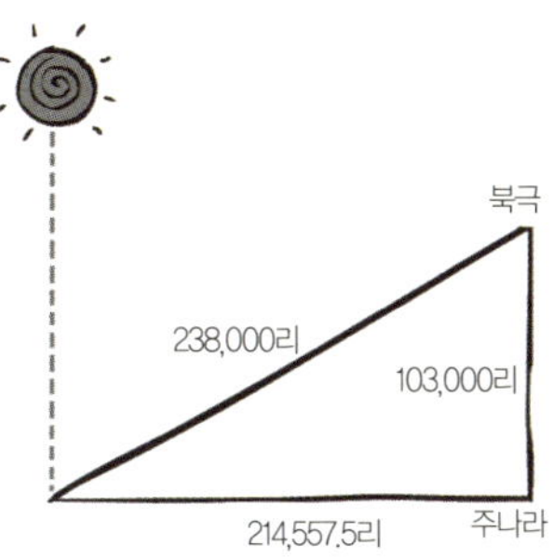

답_ 214,557리 반

풀이 이 문제는 3:4:5의 비를 이용할 수 없습니다.

그러니까 다음과 같은 계산을 할 수밖에 없었다는 뜻입니다.

$$\sqrt{(238,000)^2-(103,000)^2}=\sqrt{46,035,000,000} \fallingdotseq 214,557.5$$

삼각형 중에서 왜 하필 직각삼각형을 중요하게 다루었을까?

문명이 발생하면 반드시 큰 건축물을 만들게 되는데, 이때 가장 중요한 과정은 건축물의 버팀목이 되는 기둥을 반듯하게 세우는 일입니다. 즉 기둥이 땅과 직각이 되도록 세워야 합니다. 그래서 옛날의 목수는 반드시 직각 모양의 자를 가지고 다녔습니다. 고대 중국의 전설의 왕인 포희와 여와씨도 직각 모양의 자를 가지고 있었습니다.

창조신, 복희와 여와(伏羲女媧圖, 국립중앙박물관 소장)

당나라 때의 산경십서 중 『오조산경』만이 조선시대의 산학 교과서로 사용되었습니다. 오조란 5대 관공서를 가리키는 말로 전조, 병조, 집조, 창조, 금조가 그것에 해당합니다.

전조 : 모양에 따른 논밭의 측량법의 문제

[문제] 환전이 있다. 바깥 둘레가 30보, 안 둘레가 12보, 큰 원과 작은 원의 반지름의 차이가 3보일 때 넓이는 얼마인가? (원주율은 3이다)

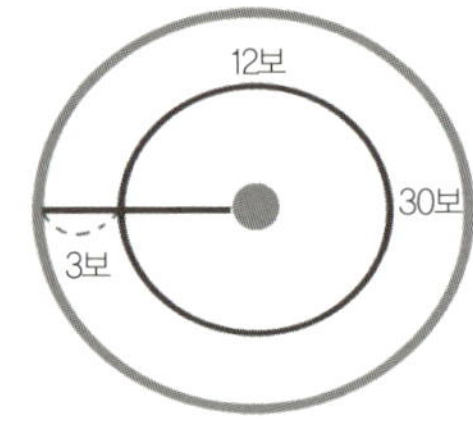

답_ 63보^2

옛 풀이 바깥 둘레와 안 둘레의 합을 구하면 42보이고, 그 반은 21보이다. 여기에 3을 곱하면 된다.

$(30+12) \div 2 \times 3 = 63$

초등학교 풀이 큰 원의 넓이에서 작은 원의 넓이를 빼면 된다(원주율은 그냥 3으로 계산하도록 한다).

(원의 둘레)=2×반지름×3.14를 이용하면, 큰원의 반지름은 2×3

×반지름=30이므로 5이다. 작은 원의 반지름은 2×3×반지름=12
이므로 2이다. 따라서 (큰 원의 넓이−작은 원의 넓이)를 계산하면
$(3×25)−(3×4)=63$이다. 원주율을 3으로 계산할 때만 옛풀이 방
법이 옳다.

병조 : 병사 징집, 양곡과 포목의 급여, 소와 말의 사료 등의 문제

[문제] 장정 23,692명 중에서 5,923명을 징집하려고 한다. 몇 사람 중 한
명 꼴로 뽑으면 되는가?

답_ 4명

옛 풀이 23,692를 5923으로 나눈다.

$23,692÷5,923=4$

집조 : 음식에 관한 문제

[문제] 좁쌀 750곡이 있다. 현미 몇 곡에 해당하는가? 좁쌀 50두에 현미
30두의 비율로 교환한다.

답_ 450곡

옛 풀이 750에 30을 곱하고, 50으로 나눈다.

$750×30÷50=450$

초등학교 풀이 비례식으로 풀면 옛 풀이와 같다.

* 들이 단위
10두=1곡

$$50 : 30 = 750 : x$$

$$x = 750 \times 30 \div 50$$

창조 : 곡물 수확, 농지 넓이, 곡식 창고의 용적 등에 관한 문제

[문제] 관전(국가의 토지)이 900무가 있다. 1보마다 좁쌀 3승 2합의 수확이 있다면, 수확은 모두 얼마인가?

답_ 6,912곡

옛 풀이 900에 240을 곱하면 216,000이고 여기에 3승 2합을 곱한다.

$$900 \times 240 \times 32(합) = 6,912,000(합) = 6,912(곡)$$

초등학교 풀이 비례식으로 풀면 옛 풀이와 같다.

금조 : 주로 물가에 관한 문제

[문제] 생사 1근에 연사가 12량의 비율로 교환된다. 연사 1,587냥이면 생사 얼마에 해당하는가?

답_ 2,116냥

옛 풀이 1,587에 16을 곱하고, 12로 나눈다.

$$1,587 \times 16 \div 12 = 2,116$$

초등학교 풀이 비례식으로 풀면 옛 풀이와 같다.

$$16 : 12 = x : 1,587$$

$$x = 1,587 \times 16 \div 12$$

안지제의 『상명산법』

　『상명산법』은 중국 명나라 초기에 안지제가 쓴 것(1373)으로 당시에 발달한 상업을 바탕으로 시민생활에 필요한 수학 내용을 담고 있습니다. 한반도에는 고려 말기에 들어왔는데, 세종 대에 복간하였고 중국에서는 이후 분실되었습니다.

　이 책은 먼저 『구장산술』 각 장의 내용을 간단히 소개하고 있습니다. 또한 소수의 단위를 분, 리, 호, 사, 홀, 미, 섬, 사까지 보여 주고 있고, 큰 수는 '천억' 이후에 '조' 단위를 사용하지 않고 '만억', '십만억', '백만억', '천만억'으로 나타내고 있습니다.

　구구의 표를 $1×1=1$부터 $9×9=81$까지 나타내는 지금과는 달리 다음과 같은 순서로 나타냅니다.

$1×1=1$

$1×2=2$,　$2×2=4$

$1×3=3$, $2×3=6$, $3×3=9$

$1×4=4$, $2×4=8$, $3×4=12$, $4×4=16$

……

　이 외에도 단위환산, 곱셈, 나눗셈 등을 지금과는 다른 방법으로 다루고 있습니다. 가령 나눗셈에서 나누는 수의 첫머리가 1인 경우를 기본으로 계산하며, 1이 아닌 경우는 1로 고쳐서 풀고 있습니다.

458량 6전 7푼÷240근

229량 3전 3푼 5리÷120근

　또 약분은 다음과 같은 방법으로 다루고 있습니다.

약분문제

[문제] $\dfrac{75}{135}$ 를 약분하여라.

답_ $\dfrac{5}{9}$

옛 풀이　먼저 분모에서 분자를 뺍니다. 그리고 빼는 수가 뺄셈 결과의 배수가 될 때까지 계속해서 뺍니다.

$135-75=60 \Rightarrow 75-60=15$ ➡ 60이 15의 배수이므로 끝냅니다.

60이 15의 배수이므로 끝냅니다.

그리고 15로 분모와 분자를 각각 나누면 됩니다.

$135÷15=9, \; 75÷15=5$

따라서 답은 $\dfrac{5}{9}$ 입니다.

상업이 활발한 시대에 쓰여진 책인 만큼, 다음과 같이 실제적 상업에 필요한 문제들을 다루고 있습니다.

비례문제

[문제] 한 필은 42척이다. 지금 비단 3,300필이 있다. 관세가 10필에 대하여 비단 1척일 때, 관세로 8필을 내놓았더니 그중 돌려받은 분량은 돈으로 따져 1냥 9전이었다고 한다. 13냥 3전으로는 비단 몇 척을 살 수 있는가?

답_ 42척

풀이 3,300필÷10필=330이므로 관세로 330척을 내야 한다. 8필은 8×42=336척이므로, 336−330=6척을 돌려 받은 것이다. 즉 6척에 1냥 9전이므로, 13냥 3전에 몇 척이 되는지를 구하면 된다. 따라서 13냥 3전×6÷1냥 9전=42척이 된다.

운임 문제

[문제] 좁쌀 137석 8두를 배편으로 운반하려고 한다. 1두의 값이 1전 2푼 5리, 그 운임을 3푼 5리로 할 때, 운임으로 지불할 좁쌀의 분량은 얼마인가?

답_ 30석 1두 4승 3합

풀이 137석 8두×3푼 5리÷(1전 2푼 5리+3푼 5리)×1두=30석 1
두 4375. 원래는 1전 2푼 5리로 나누어야 하지만, 서비스 차원에서
1전 2푼 5리에 두당 운임인 3푼 5리를 더한 값으로 나누는 약속이
있었던 것으로 보입니다.

소득 배분 문제

[문제] 갑, 을, 병 세 사람 사이에서 종이 돈 100냥을 나누는데, 갑은 을보
다 닷 냥이 더 많고, 병은 을의 7분의 5이다. 이때 세 사람의 몫은
각각 얼마인가?

답_ 갑은 40냥, 을은 35냥, 병은 25냥

100냥에서 노란 부분
의 5냥을 빼면 95냥

옛 풀이 종이 돈 100냥에서 닷 냥을 빼면 95냥이다. 95냥을 19등분
으로(7+7+5) 나누면 한 등분에 닷 냥이다. 갑은 닷 냥의 7배에 5냥을
더한 40냥이고, 을은 닷 냥의 7배로 35냥, 병은 닷 냥의 5배로 25
냥이다.

방정식으로 풀기 을의 몫을 x라고 하면, 갑은 $x+5$, 병은 $\frac{5}{7}x$

$$x+(x+5)+\frac{5}{7}x=100$$

이 식을 풀면 x=35, 즉 을은 35냥이고

갑은 35+5=40냥, 병은 $\frac{5}{7}$×35=25냥 이다.

학거북셈* 문제

[문제] 마와 보리가 합쳐서 38석 7두 2승이 있는데, 그 값은 59냥 2전 4푼 9리 7호라고 한다. 마 1두의 값이 1전 8푼 5리이고, 보리는 1전 3푼 6리일 때, 각각 얼마씩 있는가?

답_ 보리는 25석 2두 7승(34냥 3전 6푼 7리 2호),

마는 13석 4두 5승(24냥 8전 8푼 2리 5호)

풀이   모두 마라고 하면 38석 7두 2승×1전 8푼 5리=71냥 6전 3푼 2리이므로, 71냥 6전 3푼 2리−59냥 2전 4푼 9리 7호=12냥 3전 8푼 2리 3호가 더 많아진다.

1두에 대한 마와 보리의 가격 차이는 4푼 9리이므로, 12냥 3전 8푼 2리 3호÷4푼 9리=25석 2두 7승, 즉 보리는 25석 2두 7승이고, 마는 13석 4두 5승이다.

방정식으로 풀기   보리의 양을 x라고 하면 마의 양은 (38석 7두 2승−x)이다.

1전 8푼 5리×(38석 7두 2승−x)+1전 3푼 6리x=59냥 2전 4푼 9리 7호

−4푼 9리x +71냥 6전 3푼 2리=59냥 2전 4푼 9리 7호

4푼 9리x=12냥 3전 8푼 2리 3호

x=25석 2두 7승

수열의 합에 관한 문제(급수문제)

[문제] 바닥에 직사각형 모양으로 술병을 가로 8개, 세로 13개씩 배열하고 그 위로 피라미드처럼 쌓아 올리면, 병은 모두 몇 개인가?

답_384개

풀이 8개와 13개를 더한 수를 8로 나누어 반올림하면 3이고, 그 수를 세로 13개에 더한 16을 8과 곱하면 128이다. 8개에 1을 더한 수 9를 128과 곱하면 1,152이고, 이 수를 3으로 나누면 384개이다.

1층부터 더하기 1층은 8×13, 2층은 7×12, ……, 7층은 2×7, 8층은 1×6인데, 이를 모두 더하면 384개로 고등학교에서 배우는 계차수열을 이용하면 일일이 더하지 않고도 간단히 구할 수 있다.

$$8+13 \div 8 \fallingdotseq 3$$
$$(3+13) \times 8 = 128$$
$$(8+1) \times 128 = 1,152$$
$$1,152 \div 3 = 384$$

모양이 다른 창고의 용적에 관한 문제

용적은 2척 5촌^3(1척×1척×2척 5촌)=1석으로 해서 구하며, 창고의 모양으로 직육면체, 원기둥, 각뿔대, 원뿔대, 원뿔 등을 다룹니다.

[문제] 원기둥 모양의 창고 둘레가 2장 4척이고, 높이가 1장일 때 창고의

용적은 얼마인가?

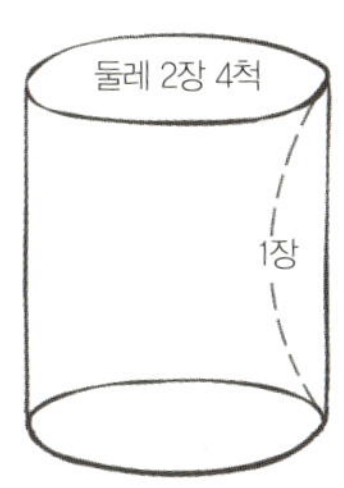

답_ 192석

풀이 2장 4척×2장 4척=576척이고, 높이 1장
(=10척)을 곱하면 5,760척이 됩니다.

5,760척÷12=480척

480척÷2.5척=192석

오늘날은 원기둥의 밑면인 원의 넓이를 '반지름×반지름×원주율' 로 구
하는데, 『상명산법』에서는 원의 넓이를 '원둘레×원둘레÷12' 로 구합니다.

여러 모양의 땅 넓이 문제

『상명산법』에는 오른쪽 그림과 같은 여러
가지 땅 모양에 관한 넓이 문제를 일일이 다
루고 있습니다.

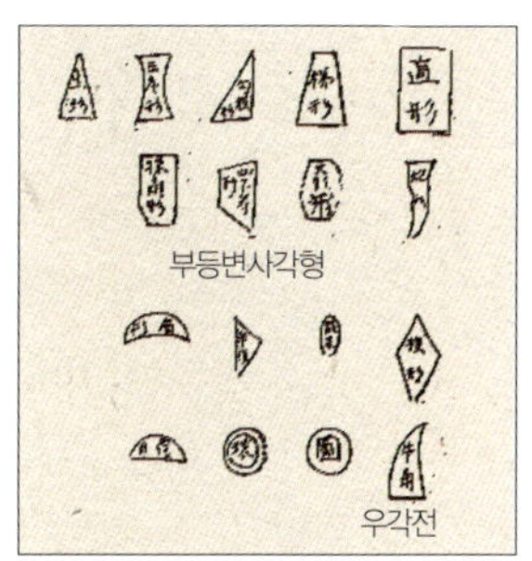

[문제 1] 다음과 같이 네 변의 길이가 모두 다른 '부등변 사각형' 의 넓이는
얼마인가?

답_ 5무 150보^2

풀이 두 쌍의 마주 보는 변의 합을 구하고 그 $\frac{1}{2}$ 끼리 서로 곱해서
구한다.

$(28+32) \div 2 = 30$보

$(40+50) \div 2 = 45$보

$30 \times 45 = 1350$보$^2 = 5$무 150보^2

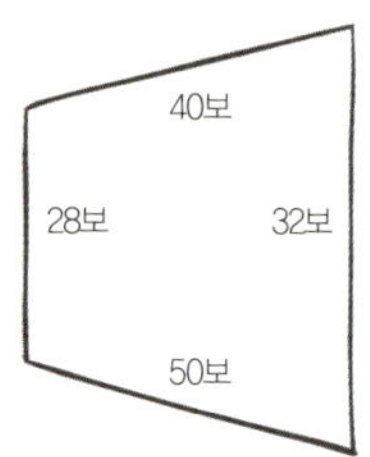

[문제 2] 다음 그림과 같은 소의 뿔 모양의 땅인 '우각전'의 넓이는 얼마
인가?

답_ 102보^2

풀이 우각전의 넓이는 부등변삼각형의 넓이
를 구하는 방식을 이용하여 근사값을 구할 수
있다.

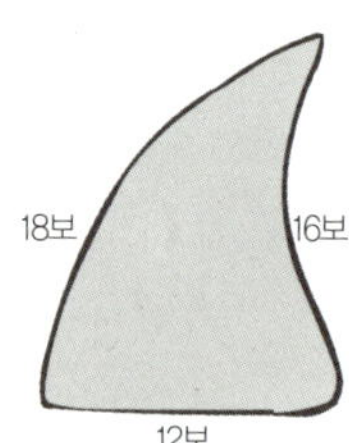

$(18+16) \div 2 = 17$보

$12 \div 2 = 6$보

$17 \times 6 = 102$보^2

성곽과 제방 등의 수리 및 축조 등에 따르는 용적, 높이, 동원한 사람 수, 일정 따위에 관한 문제

[문제] 담을 쌓는데, 윗면의 가로 폭이 1
장 4척, 밑면의 가로 폭이 2장 2
척, 높이 3장 6척, 세로 폭이
2,520척인 공사에서, 인부 한 사

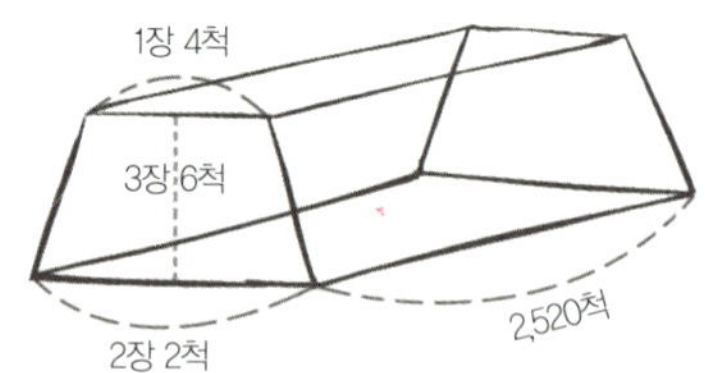

람의 하루치 공정은 부피 64척이라고 한다. 이 공사를 하루에 마치
려면 몇 명이 필요한가.

답_ 25,515명

풀이 (윗면의 가로+밑면의 가로)÷2를 하면 1장 8척이다. 여기에
높이 3장 6척을 곱하면 64장 8척이다. 또 2,520척을 곱하면
1,632,960척이 된다. 이것을 64척으로 나눈다.

(1장 4척+2장 2척)÷2=1장 8척

1장 8척×3장 6척=64장 8척

64장 8척×2,520척=1,632,960척

1,632,960척÷64척=25,515명

　『양휘산법』은 양휘의 『승제통변산법』 세 권, 『속고적기산법』 두 권, 『전무비류승제첩법』 두 권 이렇게 총 일곱 권으로 이루어진 수학책입니다. 한국에서 복간된 것에는 세종 15년(1433) 5월입니다.

『승제통변산법』

　나누는 수의 첫머리 또는 위에서 둘째 자리까지의 수가 1일 때의 간편한 나눗셈을 설명하고 이 방법으로 나눗셈을 해결하고 있습니다.

나누는 수의 가장 높은 자리 숫자를 1로 둔 나눗셈

[문제] $19,152 \div 56$

답_ 342

풀이　먼저 나누는 수의 가장 높은 자리 숫자가 1이 되게 한다.

$19,152 \div 56$　　　양쪽을 두 배씩 한다.

$$38,304 \div 112 \qquad \text{나누는 수가 112가 되었다.}$$

$$\rightarrow 38,304 - 112 \times 300 = 4,704$$

$$\rightarrow 4,704 - 112 \times 40 = 224$$

$$\rightarrow 224 - 112 \times 2 = 0$$

몫은 342가 된다.

| 『속고적기산법』 |

마방진의 설명으로부터 시작하여, 다음과 같은 문제를 다룹니다.

천문계산에 관한 문제

[문제] 을해년 정월 초하루는 계유이다. 11월 26일 동지는 무슨 날인가?

답_ 임진

풀이 음력 1월 1일부터 11월 26일까지의 날수를 구해서 60으로 나눈 나머지로 간지를 따지면 임신이 된다.

최소공배수를 구하는 문제

[문제] 각각 3일, 4일, 5일 만에 돌아오는 세 여인이 함께 되돌아오는 날은

언제인가?

답_ 60일

풀이 3, 4, 5를 서로 곱한다.

이와 같은 문제는 나중에 지구, 달, 태양의 궤도가 만나는 날, 즉 일식이나 월식을 구하는 등의 복잡한 천문에 관한 문제에 적용될 수 있습니다.

넓이를 구할 때 제곱근의 근사값을 구하는 문제

[문제] 넓이가 1,300척^{2}인 정사각형 모양의 땅의 한 변의 길이는 얼마인가?

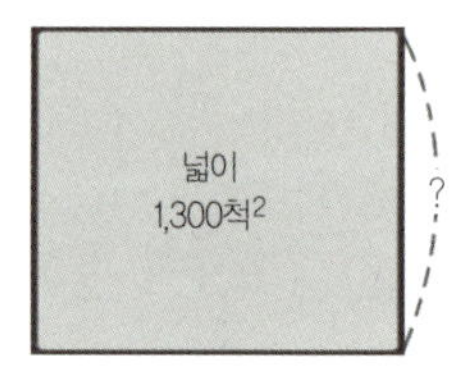

답_ 36.547945……

풀이 $\sqrt{1300} = 30 + 6 + \cdots\cdots$ $\boxed{1300 - (30+6)^2}$

$$\fallingdotseq 36 \frac{4}{2 \times 36 + 1} = 36 \frac{4}{73} = 36.547945\cdots\cdots$$

$\boxed{30+6}$ 　　(참값은 36.055512……이다)

이 외에도 예로부터 전해 오는 용량이나, 부정방정식, 일차합동식에 관한 문제가 있습니다. 이 외에도 학거북셈, 용적에 관한 문제, 일의 공정이나, 일정 비율로 분배하는 방법, 과부족산, 원주율, 닮음 삼각형을 이용한 측량 문제 등을 다룹니다.

땅 측량에 관한 문제들로부터 시작합니다. 문제 해결 방법에는 다음과 같은 특징이 있습니다.

첫째, π의 값으로 각각 3, 3.14(유희의 원주율), $\frac{22}{7}$(대략의 값)에 관해서 언급하고 있습니다.

둘째, 『오조산경』에서 잘못된 계산법을 수정하고 있습니다. 가령 우각전은 반호전(半湖田)이며 요고전(腰鼓田)*과 고전(股田)* 등은 두 개의 사다리꼴의 합으로 구해야 한다는 것 등입니다.

* 요고전 : 장구 모양의 밭
* 고전 : 북 모양의 밭

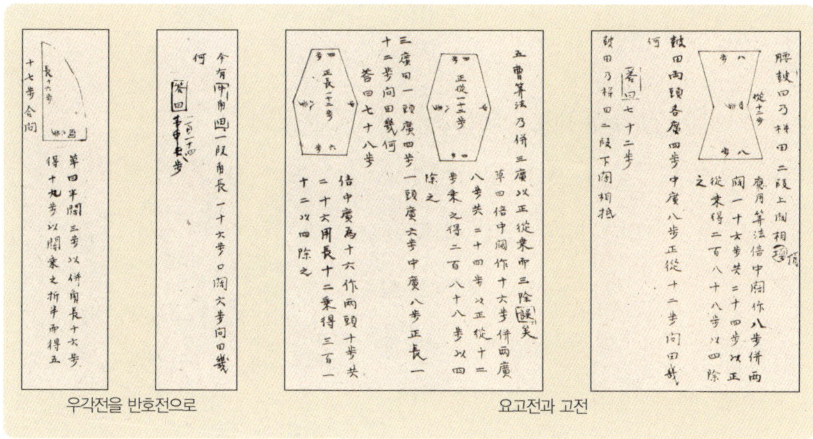

우각전을 반호전으로　　　　　요고전과 고전

셋째, 모눈(방안)을 사용하여 문제를 해석적으로 다루고 있습니다. 즉 땅을 실제적으로 측량할 때 필요한 지식이라기보다는, 이론적으로 생각한 계산입니다. 그만큼 수학적인 태도가 드러납니다. 또 이차방정식과 사차방정식의 풀이법도 다루고 있습니다.

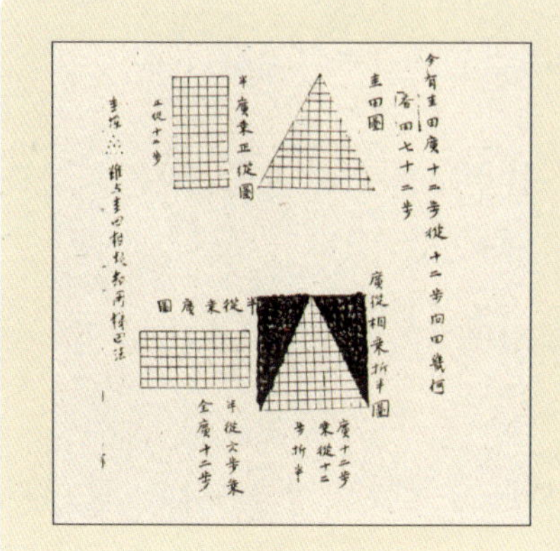
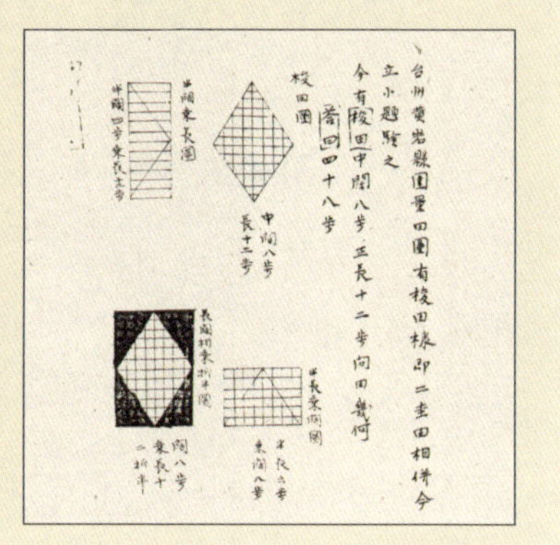

이차방정식의 문제

[문제] 가로의 길이가 세로보다 12보 짧은 직사각형의 땅의 넓이가 864보라고 한다. 가로는 얼마인가?

답_ 24보

풀이　여기서는 제곱이 되는 수를 대충 맞춰서 풀고 있습니다. 같은 문제를 『산학계몽』에서는 천원술로 계산하고 있습니다. 좀 더 과학적으로 계산하게 된 것입니다.

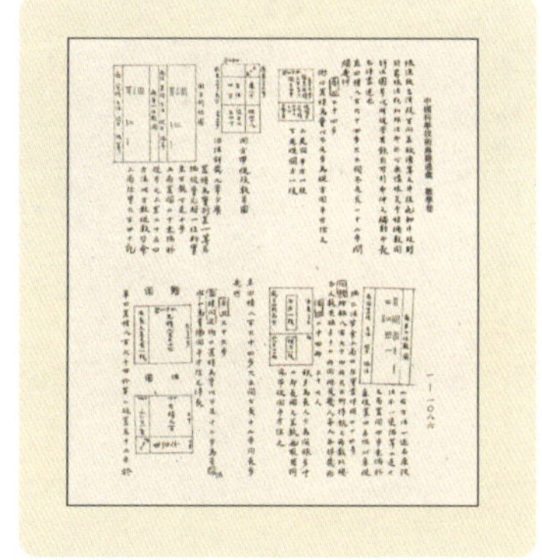

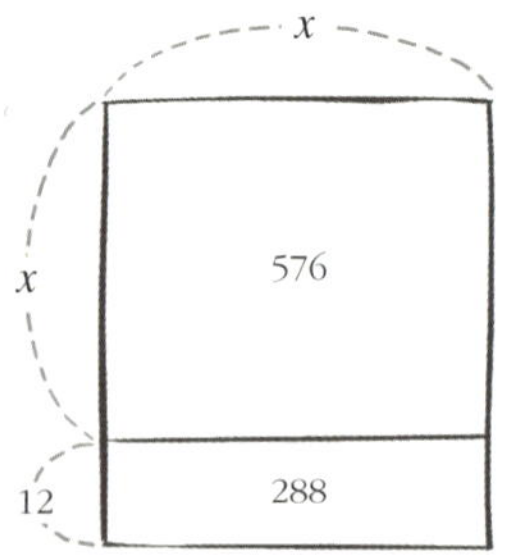

사차방정식의 문제

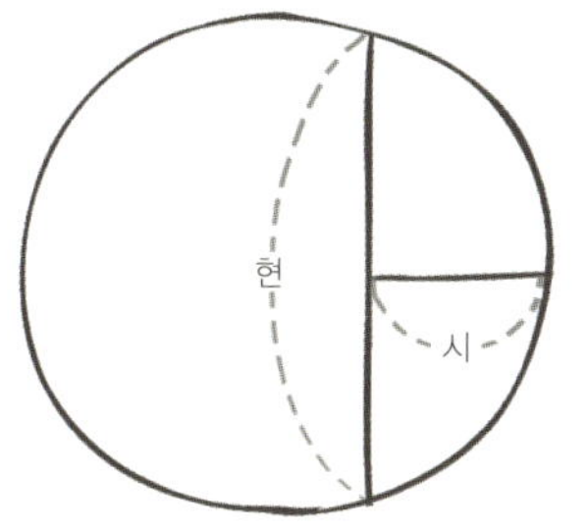

[문제] 지름이 13보인 둥그런 땅을 절단하였더니 넓이가 32보였다. 현과 시는 각각 얼마인가?

답_ 현 12보, 시 4보

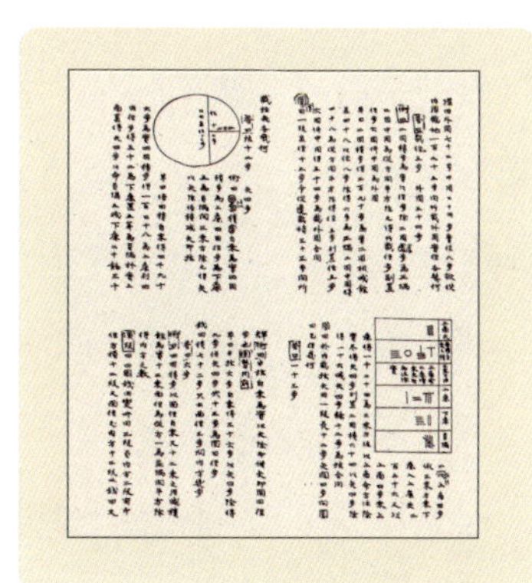

풀이 이 책에서 문제를 푼 과정을 지금의 방정식으로 나타내면 다음과 같습니다.

호전의 넓이를 S, 지름 d, 현 x, 시 y로 할 때,

$$4S^2=4Sy^2+4dy^3-5y^4$$

왜냐하면 $S=y \cdot \dfrac{(x+y)}{2}$ 이고 $d^2=x^2+(d-2y)^2$이기 때문입니다.

따라서 $5y^4-52y^3+128y^2+4096=0$이 됩니다.

이 식을 산대로 풀어서 근사값 $y=4$보, $x=12$보를 구하였습니다.

이 방법으로 고차 방정식을 거의 자유자재로 풀 수 있습니다.

곱셈구구, 나눗셈의 구구, 근량 환산, 산대를 이용한 수 표시법, 큰 수와 소수(최대의 단위는 무량수, 10^{128}, 최소는 정 10^{-128}), 도량형 표시, 땅 측량의 단위, 옛날부터 당시까지의 π의 수치, 기본 분수의 명칭, 정부(음양)의 수끼리의 가감승제, 개방술(제곱근 푸는 법)의 알고리즘에 관한 가결 등을 소개한 다음, 본론에 들어가서 20장 259문제를 제시하고 있습니다.

상권과 중권의 내용은 『상명산법』이나 『양휘산법』과 같은 종류의 응용 문제로 비례산이나 학거북산, 어림셈, 땅의 넓이셈 같은 것이 있습니다.

하권의 수학 내용에는 급수의 문제와 다음의 문제를 다루고 있습니다.

산대를 이용한 삼원일차 연립방정식의 문제

[문제] 얇은 비단 4척, 무늬 있는 비단 5척, 명주 6척의 값은 1관 219문이다. 얇은 비단 5척, 무늬 있는 비단 6척, 명주 4척의 값은 1관 268문이다. 얇은 비단 6척, 무늬 있는 비단 4척, 명주 5척의 값은 1관 219문이다. 각각의 값을 구하여라.

답_ 비단 98문, 무늬있는 비단 85문, 명주 67문

풀이 : $4x+5y+6z=1,219$

$5x+6y+4z=1,268$

$6x+4y+5z=1,263$

을 산대로 오늘날의 행렬식을 푸는 방법처럼 답을 구합니다.

그리고 연립 일차방정식에 이어서 직각삼각형의 성질과 관련해서
개방법(제곱근 구하는 법)과 이차방정식의 해법까지 다루고 있습니다.

천원술에 의한 고차 방정식의 해법 문제

개방(제곱근 푸는 법)과 개립(세제곱근 푸는 법)의 문제를 다룬 다음, 27개의
문제를 천원술로 풀고 있습니다.

[문제] 정육면체 부피, 구 부피, 방전(정사각형)의 넓이, 고원(옛날의 원)의 넓
이($\pi=3$일 때), 휘원*(유휘의 원)의 넓이($\pi=3.14$일 때)의 값을 합하면
33,622척과 200분의 37척이라 한다. 정육면체의 한 모서리는 구의
지름보다 4척이 짧고, 휘원의 지름보다 3척이 길다. 구의 지름은
방전의 한 변의 $\frac{1}{3}$이고, 고원의 둘레는 방전의 한 변의 길이와 같
다. 각 길이를 구하여라.

> 답_ 정육면체 한 모서리 길이 = 24척,
>
> 구의 지름 = 28척, 방전의 한 변의 길이 = 84척,
>
> 고원의 둘레 = 24척, 휘원의 지름 = 21척

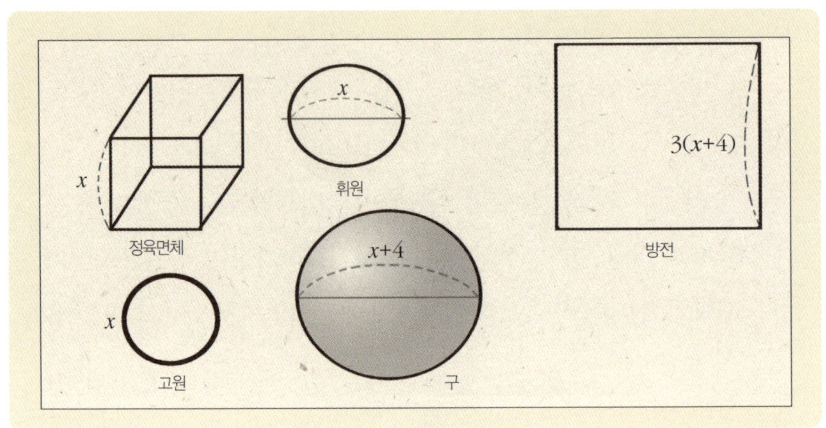

풀이 정육면체 한 변의 길이를 x라 하고 당시에 풀었던 법을 식으로 나타내면 다음과 같습니다. 원주율은 3으로 계산합니다.

(1) 정육면체의 부피$= x^3$

(2) 구의 부피$=(x+4)^3 \times \dfrac{9}{16}$

(지금은 $\dfrac{4}{3}\pi r^3$이므로 $\dfrac{4}{3} \times 3 \times (x+4)^3 = 4 \times (x+4)^3$)

(3) 휘원의 넓이$=(\dfrac{x-3}{2})^2 \times 3.14$

(4) 방전의 넓이$=\{3(x+4)\}^2$

(5) 고원의 넓이$=(\dfrac{x}{6})^2 \times 3$

원주율을 3으로 했을 때 구의 부피를 제외하고는 지금과 구하는 방법이 같습니다.

위의 다섯 가지를 모두 더한 값이 $33{,}622 \times \dfrac{37}{200}$ 이 되어야 합니다. x의 값은 24가 나옵니다. 이 값을 위의 그림에서 구하려는 것에 각각 넣으면 답이 나옵니다.

算術管見
籌解需用
甲
乙
丙
丁
戊
己
庚
甲

11
조선시대 수학자와 수학책을
알아보자

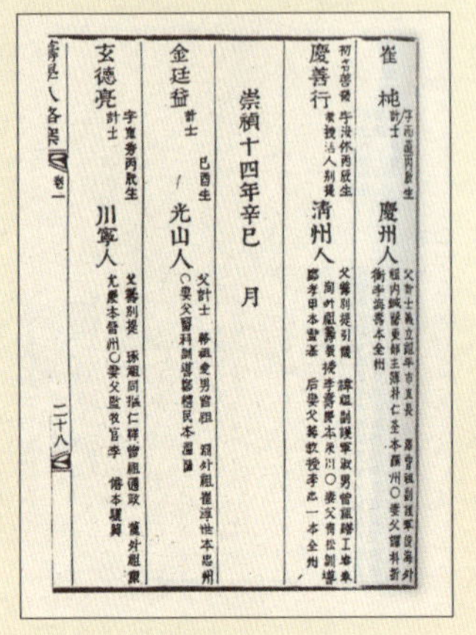

崔　杻　計士　慶州人　……
慶善行　……　清州人
崇禎十四年辛巳　　月
金廷益　計士　　巳酉生　光山人　……
安德亮　計士　字寬秀丙戌生　川寧人　……

二十八

조선시대에는 산학 취재가 150회에 걸쳐 실시되었는데, 합격자는 1,627명이었습니다.

이 합격자들의 명단이 『주학입격안(籌學入格案)』에 적혀 있습니다. 1498년(연산군 4년)부터 1888년까지의 합격자가 적혀 있습니다.

산학에 합격한 사람을 왜 주학에서 찾느냐구요? 거기에는 이유가 있습니다. 여기서 '주학' 이란 '산학' 을 말합니다.

조선시대에는 왕의 이름을 '휘' 라고 하였는데, 휘는 함부로 부를 수 없을 뿐 아니라 글로 써도 큰 벌을 받았습니다. 그래서 잘 사용하지 않는 같은 뜻을 지닌 글자(한자)로 썼다고 합니다.

그런데 조선의 22대 임금인 정조의 휘가 '祘(산)' 입니다. 드라마 제목 「이산」은 바로 정조의 휘입니다. 그래서 정조가 왕이 되자 산학을 주학으로 또 산원을 계사로 이름만 바꾼 것이라고 합니다.

호조의 산학산원(算學算員)을 주학계사(籌學計士)로 고치고, ……

算學 ⇒ 籌學
산학　　주학
算員 ⇒ 計士
산원　　계사

　　임진왜란과 병자호란의 큰 난리를 겪은 조선은 무너진 전통적인 정치·경제·교육 등 기본 질서를 회복하려는 노력이 17세기 후반부터 '실학'이라는 문예부흥으로 일어나기 시작했습니다. 이로 인해서 수학에서도 큰 변화가 나타났습니다.

　　『주학입격안』에 기록되어 있는 산학자 중 실학기에 활약한 대표적인 수학자 몇 명과 수학책 몇 가지를 소개하면 다음과 같습니다.

　　－경선징, 『묵사집』

　　－최석정(1645~1715), 『구수략』

　　－임준, 『신편산학계몽주해』와 박율, 『주학본원』

　　－홍정하, 『구일집』

　　－『동국산서』

　　－『동산』(필사본)

　　－황윤석(1719~1791), 『산학입문』과 『산학본원』

　　－홍대용(1731~1783), 『주해수용』

　　－최한기(1803~1879), 『습산진벌』

　　－남병길(1820~1869), 이상혁(1810~?)

조선 최고의 산학자 경선징의 『묵사집』

서양에는 마테오리치와 아담 샬이 있고, 우리나라에는 …… 근세에 경선징의 이름이 가장 널리 알려져 있다.

이 글은 최석정이 쓴 것으로, 경선징을 최고의 산학자라고 말하고 있습니다. 마테오리치와 아담 샬은 선교사로 당시 중국 북경에 와 있었는데, 천문과 수학에 뛰어난 사람들로 서양 과학을 중국에 소개한 이름난 학자였습니다. 지금은 경선징이 쓴 산학책 중 『묵사집』만 남아 있습니다.

경선징의 뛰어남을 확인할 수 있는 또 다른 일화가 있는데, 김시진이라고 하는 인물이 전해주고 있습니다.

『산학계몽』은 조선 산학의 중요한 기본 책인데 조정에서는 기회가 있을 때마다 중간본을 출간하였습니다. 임진왜란이 끝난 지 약 60여년 뒤에 전라도 감찰사였던 김시진이 『산학계몽』의 중간본을 출간하려 했습니다. 그러나 전쟁으로 인해 대부분 분실되고 남아있는 원본도 부분적으로 손상되어 있었던 터라 손상이 없는 완전한 원본은 도저히 구할 수 없었습니다.

김시진은 당시 측량관계를 담당하는 실무자인 지부회사(地部會士)였던 경선징을 불러 그 내용을 보충하도록 했습니다. 이것만 봐도 당시 경선징이 중인산학자 사이에서 이미 실력을 인정받고 있었다는 것을 알 수 있습니다.

그는 망실된 부분을 자신의 기억에 따라 모두 보완하여 출간하였고, 나중에 완전한 원본이 발견되어 서로 대조해보니 같았습니다. 이 일로 크게 소문이 나고 영의정인 최석정에게도 전해졌던 것으로 추측됩니다.

여태 남아 있는 수학책은 『상명산법』 정도에 지나지 않았으나, 마침 『양휘산법』의 초본을 찾아냈고, 이번에 또다시 국초인본의 『산학계몽』을 입수할 수 있었다. 그리하여 경선징과 함께 파손된 부분을 본래의 모습대로 바르게 잡았다.

▲ 『신편산학계몽』에서 언급된 경선징('지부회사 경선징')과 임준('임군') 부분

　　최석정은 이름 있는 가문에서 태어나 30세에 진사 시험에 수석으로 합격한 후 영의정까지 오른, 조선의 대학자이자 정치가였습니다.

　　『구수략』에는 다음과 같은 글이 나옵니다.

태양은 일(日), 태음은 월(月), 소양은 성(星), 소음은 신(辰)이다. 천지 사이에 이 사상(四象)이 있을 뿐, 수의 이치[數理]가 아무리 오묘하다고 하여도 이 범위를 벗어나지 않는다.

　　최석정은 이런 생각으로 덧셈, 뺄셈, 곱셈, 나눗셈도 사상에 맞추고 있습니다. 또 1년이 12개월이고 매월 30일일 때, 1년의 날수를 360으로 구한 후 역시 이유를 붙여 가며 사상으로 분류했

```
        태원 ── 태극 ── 수원
                 /  \
   양의 ── 음      양 ── (+,－)
          /  \     /  \
  사상──태   소  소   태──사칙
       음   양  음   양
      (제법)(승법)(감법)(가법)
       ÷    ×    －    ＋
       |    |    |    |
       월   성   신   일
       |    |    |    |
       30   12  360   1
```

습니다.

　그래서 이 책에는 동양의 가장 오래
된 수학책인 『구장산술』아
홉 개의 장도 굳이
사상에 맞추어 네
가지로 분류하기
도 했습니다.

　또한 초보적인
덧셈구구와 뺄셈구구를 다루고 있으며, 곱셈구구는

一爲主乘一得一, 乘二得二, 乘三得三, ……

1에 1을 곱하면 1, 2를 곱하면 2, 3을 곱하면 3, ……

으로부터 시작하여 이어서 九九의 표를 보여주고, 마지막에 구구의 노래

——如一, 一二如二, 二二爲四, ……

일일은 일, 일이는 이, 이이는 사, ……

와 같이 세 번에 걸쳐서 지나치게 친절히 설명하고 있습니다.

　최석정은 마방진을 열정적으로 만들었는데, 수학적이라기보다는 수의
신비적인 기능을 빌려서 우주의 질서와 조화가 나타나기를 바랐던 것 같
습니다.

양반인 임준은 『구장산술』의 계산에 가장 능통한 사람이었다고 합니다.

조선 산학의 표준 교과서는 『산학계몽』, 『양휘산법』, 『상명산법』 등으로, 『구장산술』은 빠져 있습니다. 하지만 『구장산술』은 서양의 유클리드 기하에 필적하는 동양 수학의 고전이자 중심입니다.

당시 중인 산학자들이 표준 교과서가 아닌 『구장산술』에 크게 관심을 가지고 있었다는 기록은 없습니다. 양반인 임준이 『구장산술』에 능통하다고 기록된 것을 보면 양반이기에 다른 산학자들보다 더 자유롭게 폭넓은 수학 공부가 가능했던 것이라 추측해 볼 수 있습니다.

또한 현종이 동궁시절에 망해법*을 알고자 하여 임준에게서 배우려고 했다는 기록이 남아있을 정도로 그의 수학 실력은 뛰어났습니다. 이것은 당나라의 산학제도에 포함되어 있는 산경십서 중 하나인 『해도산경』의 내용을 통달하고 있었다는 의미로 볼 수 있습니다.

그리고 경선징이 『산학계몽』의 망실된 부분을 보완할 때 임준과 함께 공동작업을 했으며, 그도 역시 경선징과 마찬가지로 『산학계몽』을 원본과 똑같이 복구한 사람으로 평가받고 있습니다.

최석정은 『구수략』에서 경선징과 함께 임준을 고금의 대 수학자로 지목하였습니다.

* 망해법 : 바다 멀리 있는 섬까지의 거리를 재는 측량술

『구일집』에는 천원술의 문제가 166개나 나옵니다. 우리나라에 천원술을 알려준 책은 『산학계몽』(1299)인데, 이 책에는 천원술 문제가 27개 뿐입니다. 『산학계몽』은 원나라 때 만들어진 것으로 중국에서는 명나라 때 없어졌다가, 청나라 때 학자 나사림이 한국판 『산학계몽』을 구해 가서 다시 펴냈다고 합니다(1839). 즉 중국에서는 잊혀진 천원술이 우리나라에서 이어지고 있었던 것입니다.

천원술은 "미지수를 원(元)으로 한다."는 뜻이며, 미지수[元]가 하나인 고차 방정식의 해법 중 하나인데, 산대를 이용해서 근삿값을 구하는 방법입니다.

예를 들어 $x^2+25x+460$를 다음과 같이 세 가지 방법으로 나타내어 풀 수 있습니다. 필산으로 옮겨 쓰면 다음과 같습니다.

* 元(원) : 미지수 x
* 太(태) : 상수항

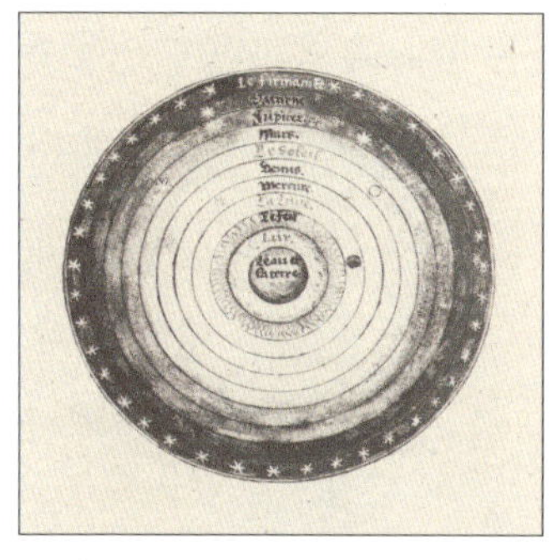

『열하일기』를 쓴 박지원은 홍대용을 조선 최초로 지전설을 주장한 사람으로 소개하고 있습니다. 홍대용은 해와 달은 지구 둘레를 돌고, 다른 행성은 태양 둘레를 돌고 있다고 했습니다. 여기까지는 덴마크의 천문학자 티코 브라헤(1546~1601)의 우주관과 같습니다. 하지만 티코 브라헤는 지구가 움직이지 않는다고 했는데 홍대용은 지구가 자전한다고 했습니다.

홍대용은 외국 유학을 하면서 선진 문명을 접했고, 유럽 과학의 우수성도 체험했습니다. 실학자인 그는 자기 돈으로 집 안에 사설 천문대까지 꾸며 놓았다고 합니다.

그의 전집인 『담헌집』 15권 중 외집 권4부터 권6에는 수학에 관련된 『주해수용』이 수록되어 있습니다. 『주해수용』에는 보통의 산술과 고급 산법인 천원술, 역산에 쓰이는 삼각법이나 측량술, 천문학 상의 땅과 하늘을 측량하는 기술과 악률 같은 문제 등이 수록되어 있습니다.

홍대용은 실제 필요한 지식만을 다루려고 했는데, 예를 들면 양전법에서는 "양전에는 많은 형태가 있지만, 우리나라에서는 다섯 종류만이 쓰인다.”고 하면서, 방전·직전·고구전·규전·제전 등에 관해 각각 한 문제씩 간단하게 다루고 있습니다. 또한 비율에 따른 토지 세금 문제, 군대에 필요한 화학량의 문제 등을 다루고 있습니다.

경험론자 최한기의 『습산진벌』

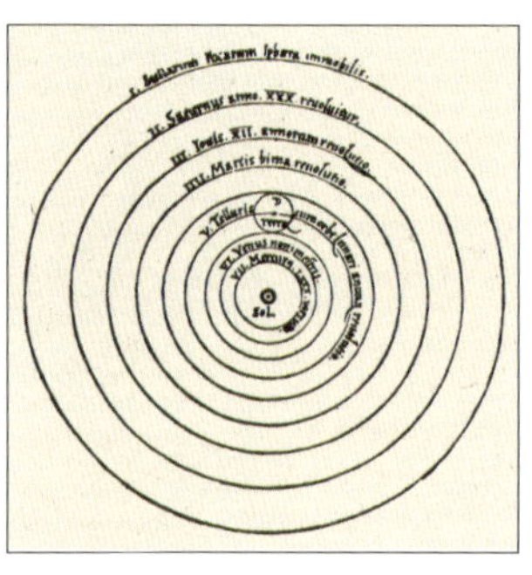

코페르니쿠스의 우주 ▶

최한기는 이름 있는 가문의 후손으로 순조 25년(1825) 사마시*에 합격했으나 관직을 마다하고 학문에 몰두하였습니다.

그는 태양을 중심으로 지구가 자전하며 공전한다는 이론을 '코페르니쿠스의 주장'이라고 소개한 사람입니다. 산학책인 『습산진벌』을 썼는데, 내용은 『수리정온』* 하편 중 일부를 요약해서 적은 것입니다. 저자가 덧붙인 부분은 몇 가지 정도인데 당시 한반도에서 사용되던 측량 단위를 적고 있으며, 산대의 모양과 배열 방법, 덧셈 뺄셈의 설명도도 보여 주고 있습니다.

또한 최한기는 당대 최대의 지리학자 김정호와 가까웠으며 함께 중국에서 들어온 세계지도를 연구하였습니다. 김정호가 『청구도(靑丘圖)』를 만들자 여기에 발문을 써주기도 했습니다.

그는 수많은 책을 저술하였지만 다른 사람이 쓴 그에 대한 기록은 많지 않습니다. 다만 이규경의 『오주연문장전산고』에 그에 대한 언급이 몇 번 나올 뿐입니다. 이규경은 그를 뛰어난 학자로 많은 저술을 남겼으며, 당시 중국의 신간 서적을 많이 가지고 있었다고 기록하고 있습니다.

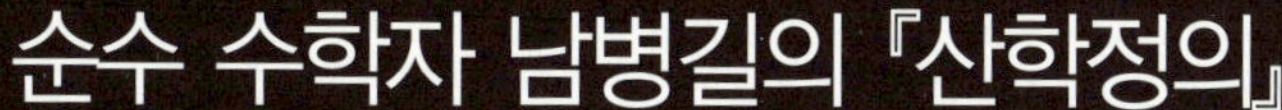

순수 수학자 남병길의 『산학정의』

남병철, 남병길 형제는 양반 출신의 조선 후기 이름난 과학자로 진정한 수학 사상이나 방법을 파헤쳐 순수하게 연구한 최초의 사람들이었다고 할 수 있습니다.

남병철(1817~1863)은 여러 천문학 책을 비롯하여 측량술에 관한 책을 썼습니다. 그는 이차방정식의 풀이법으로 천원술을 사용하면서 이 방법은 서양의 차근법과 같다고 말하고 있습니다. "총명하기 그지없고 천문 산술에 정통하였다."라는 말을 들을 정도로 명성이 높았습니다.

남병길도 오래 살지는 못했지만, 많은 천문학 및 측량술과 수학에 관한 저술을 남겼습니다. 그가 쓴 『측량도해』(1858)는 옛 수학책의 내용에서 직각삼각형(구고)에 관한 부분을 추려 내어 문제마다 그림으로 해설을 풀어 놓고 있습니다.

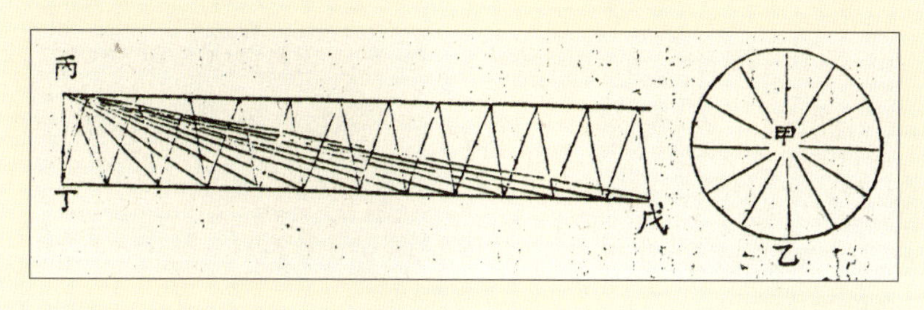

◀ 『측량도해』의 원의 넓이를 직사각형으로 바꿔 구하는 그림

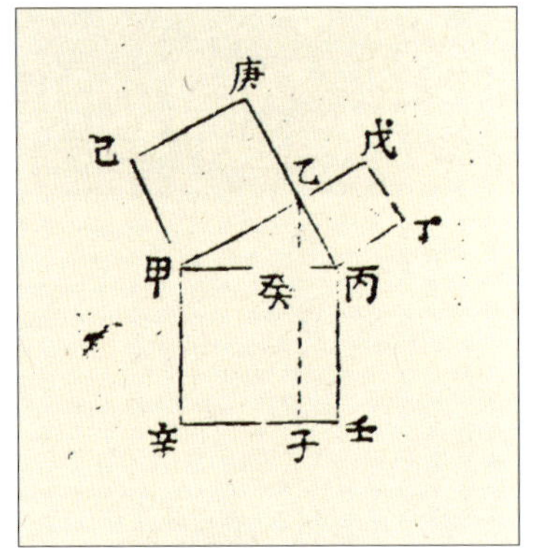

또 그가 쓴 『구장술해』는 『구장산술』의 해설서로 쓴 것으로 원의 넓이를 직사각형으로 바꾸어 구하는 방법이 적혀 있습니다. 여기에는 원을 삼각형의 무한수의 합으로 생각한다는 무한급수의 생각이 들어 있습니다. 또한 피타고라스 정리를 설명하는 자리에서 『주비산경』에 있는 동양의 전통적인 증명법과 함께 왼쪽 그림을 이용해서 서양식 증명법을 해설하고 있습니다.

『산학정의』에는 다음의 문제가 있습니다.

정팔각형의 넓이를 구하는 문제

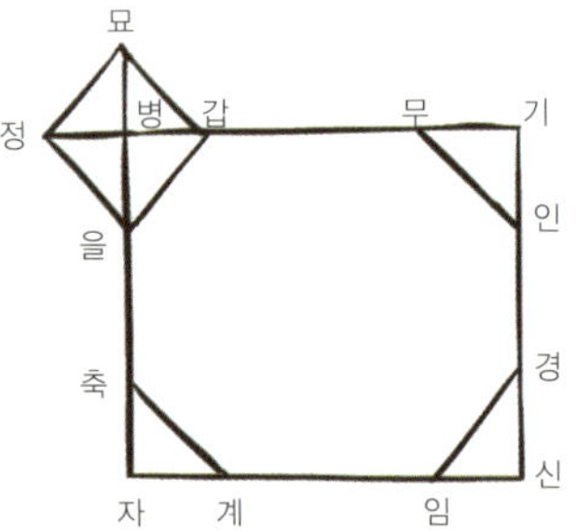

[문제] 정팔각형의 한 변의 길이는 12척이다. 넓이는 얼마인가?

답_ 약 695척 29촌 35분^2

풀이 이 문제에는 제곱근 풀이가 들어갑니다. 갑을의 제곱의 두 배인 288척^{2}은 작은 정사각형 넓이의 두 배입니다. 즉 갑정의 제곱은 288척^{2}입니다. 제곱근을 풀면 갑정=16.970562척이 되고 따라서,

큰 정사각형의 한 변의 길이 기병=16.970562+12=28.970562척

큰 정사각형의 넓이=839.29346척^2

정팔각형의 넓이=839.29346-144 =695.29346척^2

이 됩니다.

또 『산학정의』 하권 마지막 장 「대연」에는 역법의 계산에 꼭 필요한 대연술이 소개되어 있습니다. 대연술은 일차합동식의 풀이법을 다룬 것입니다. 이 중 하나를 풀어 쓰면 다음과 같습니다.

대연술의 문제

[문제] 한 사람에게 술 한 섬씩 20명에게 주면 삼 인분이 남고, 한 사람에게 고기를 다섯 근씩 주면 칠 인분이 남고, 한 사람에게 장을 한 말씩 주면 12인분이 부족하다. 전체 인원은 얼마인가?

답_57명

이 문제는 대연술로 해결했는데, 그 과정은 상당히 복잡합니다. 또한 역법상의 지식과 대연술을 이용하면 다음과 같은 역법의 문제도 해결할 수가 있습니다.

당시에는 산대를 이용해서 일일이 계산을 했을텐데, 이런 방법을 이용해서 일식, 월식 등의 문제를 일일이 해결했다니 대단합니다.

이상혁의 『익산』과 『차근방몽구』, 『산술관견』

이상혁은 천문학 책과 수학에 관한 책을 썼는데, 동양 수학을 자유자재로 다루는 솜씨를 보이면서 당시 최고의 수학자다운 모습을 보여 줍니다. 『익산』은 동양의 천원술과 서양의 차근법을 비교하고 있습니다. 『차근방몽구』에는 유럽식으로 대수방정식을 푸는 방법을 적고 있는데, 다음과 같습니다.

유럽식 대수방정식의 소개

[문제] 구와 고의 합이 23척, 구와 현의 차가 9척이다. 구, 고, 현 각각의 길이를 구하여라.

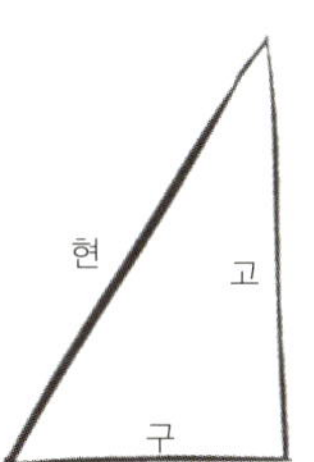

　　　　　답_ 구는 8척, 고는 15척, 현은 17척

풀이　차근법을 사용하여 풀고 있습니다. 차근법이란 근을 빌려 쓰는 방법인데, 구하려는 수를 문자로 빌려 써서 계산을 하는 방법입니다.

『차근방몽구』	(지금의 식으로 나타낸 것)
法借一根爲股	고의 길이를 x로 한다.
二十三尺少一根爲勾	구의 길이는 $23-x$,
三十二尺少一根爲弦	따라서, 현의 길이는 $32-x$,
五百二十九尺少四十六根多一平方爲勾積	$(23-x)^2=529-46x+x^2$,
一千零二十四尺少六十四根多一平方爲弦積	$(32-x)^2=1,024-64x+x^2$,
	$x^2+(23-x)^2$ $\ (고^2+구^2=현^2)$
五百二十九尺少四十六根多二平,	$=529-46x+2x^2$
與一千零二十四尺少六十四根多一平方相等	$=1,024-64x+x^2$
一平方多十八根與四百九十五尺相等	$x^2+18x=495$
以縱較	$(x+9)^2=576=24^2$
平方開之得十五尺卽股	$x=15\,(고의 길이)$
二十三尺內減十五尺得八尺爲勾	$23-15=8\,(구의 길이)$
八尺加九尺得十七尺爲弦	$8+9=17\,(현의 길이)$

이 방법은 천원술과 같은데, 천원술은 산대를 이용해서 푼 것이고, 서양의 방법은 식을 이용해서 푼 것이라는 점이 다를 뿐입니다.

『산술관견』은 이상혁 자신의 연구결과를 적은 책인데 비례관계에 대한 다음과 같은 문제가 있습니다.

정다각형의 넓이와 내접원과 외접원의 지름 구하기

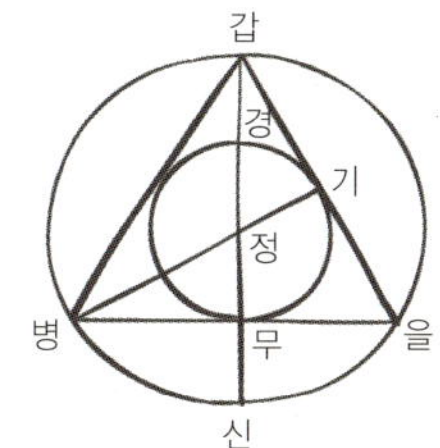

[문제] 한 변이 12척인 정삼각형이 있다. 그 넓이 및 내접, 외접원의 지름을 구한다.

답_ 넓이는 62척 35촌 38분^2

내접원의 지름은 6척 9촌 2분 8리 2모

외접원의 지름은 13척 8촌 4분 6리 4모

풀이 (1) 넓이 : 한 변이 12척인 정삼각형의 넓이는

$$\frac{\sqrt{3}}{4}\times 12\times 12 = 36\times\sqrt{3} = 36\times 1.73205 = 62.3538$$입니다.

(2) 내접원의 지름 : 정삼각형의 높이는 $\frac{\sqrt{3}}{2}\times 12 = 6\sqrt{3}$이고, 정은 무게중심이므로, 정무의 길이는 $6\sqrt{3}\times\frac{1}{3} = 2\sqrt{3} = 2\times 1.73205 = 3.4641$가 되고 지름은 정무의 2배이므로,

$3.4641\times 2 = 6.9282$입니다.

(3) 외접원의 지름 : 갑정의 길이는

$$6\sqrt{3}\times\frac{2}{3} = 4\sqrt{3} = 4\times 1.73205 = 6.9282$$가 되고

지름은 갑정의 2배이므로,

$6.9282\times 2 = 13.8564$입니다.

그리고 정십각형에까지 동일한 내용의 문제를 다루면서 해설합니다.

『구수략』에는 1713년 5월 29일, 홍정하와 유수석이 조선을 방문한 중국의 사력 하국주에게 가서, 수학에 대한 대화를 나누었다고 적혀 있습니다. 사력은 중국 천문대의 관직을 말하는데, 하국주는 산학에도 뛰어난 실력이 있었던 사람이었습니다.

홍정하와 유수석이 수학에 대해 배우려고 하자, 하국주는 조선의 수학자를 얕잡아보아서인지 처음에 유치한 문제를 냈습니다.

* 1냥=10전

360명이 1인당 은 1냥 8전을 내기로 한다면 합계가 얼마인가?

은 351냥이 있다. 1석의 값이 1냥 5전이라면 몇 석을 구입할 수 있는가?

하지만 이런 문제 정도는 금방 답을 낼 수 있었습니다. 사력은 난이도를 약간 높여서 문제를 다시 냈습니다.

넓이가 225척^{2}인 정사각형 한 변의 길이는 얼마인가?

크고 작은 두 개의 정사각형이 있다. 넓이의 합은 468척^{2}이고 큰 정사각형의 한 변은 작은 쪽의 한 변보다 6척만큼 길다. 두 정사각형 한 변의 길이는 각각 얼마인가?

막대의 왼쪽 끝에 무게 3냥의 돌을 달고 오른쪽 끝에 물건을 달아 매고 수평이 역시 정답을 말했더니 곁에서 지켜보던 중국 대사 아제도가 사력의 실력을 치켜세웠습니다.

그래서 홍정하는 다음과 같은 문제를 냈습니다.

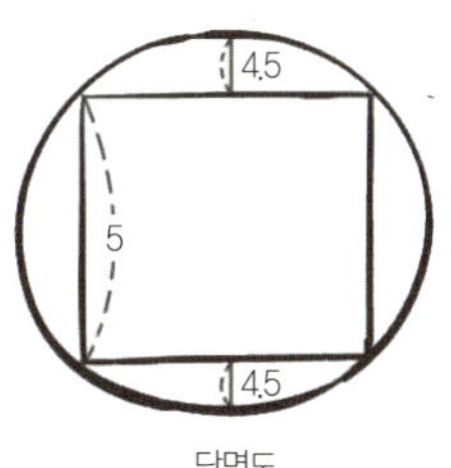

단면도

사력은 아주 어려운 문제라서 당장 풀 수 없지만, 다음 날 반드시 답을 주겠다고 했습니다. 하지만 사력은 답을 내지 못했습니다. 그리고 사력은 다시 문제를 내었습니다.

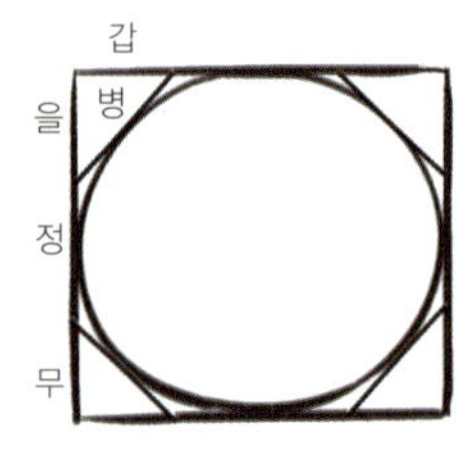

4척이라고 답했더니, 사력은 어떻게 풀었냐고 물어서 유수석이 다음과 같이 대답했습니다.

병을 제곱하여 2배 한다. 그 제곱근과 정을 더하면 지름의 길이가 10척이다. 이 식을 산대로 풀었더니 사력이 정답이라고 했다(이 식은 오늘날과 같은 데, $\sqrt{2}$를 1.4로 해서 근사값을 구한 것이다).

사력이 계속해서 문제를 냈습니다.

정삼각뿔이 있다. 한 모서리의 길이가 10척이면 부피는 얼마인가?

17척 8촌 4분 9리 6모 1사라고 대답했더니 사력이 정답이라고 말했습니다.

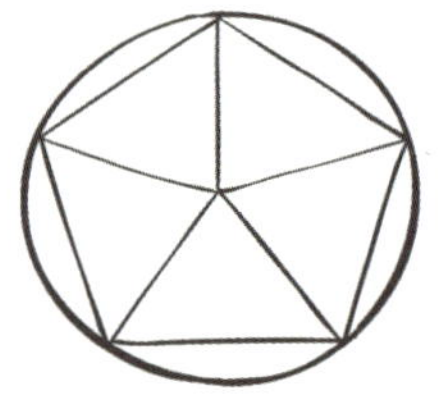

지름이 10척인 원에 내접하는 정오각형의 한 변의 길이와 그 넓이는 각각 얼마인가?

홍정하와 유수석은 한 변의 길이는 5척 8촌, 넓이가 62척 5촌^{2}이라고 답했습니다. 그리고 사력은 정답이라고 했습니다.

당시 문제를 푼 방법을 식으로 나타내면 다음과 같습니다.

지름 10척인 원의 넓이 : $10^2 \times \frac{3}{4} = 75$ (원주율을 3으로 계산)

오각형의 넓이 : $75 \times \frac{5}{6} = 62.5$

한 삼각형의 넓이: $62.5 \times \frac{1}{5} = 12.5$

......

(이것은 천원술을 이용해 근삿값을 구한 것입니다)

유수석은 조선에는 이 문제를 정확히 푸는 방법이 아직 없다면서 사력에게 가르쳐 달라고 했고, 사력은 원은 360°이고 오각형의 꼭지각 하나는 72°이고 그 반인 36°에서 삼각함수 값으로 구한다고 설명했습니다. 유수석이 원은 오각형 밖에 있는 데도 그 각을 내접 오각형의 각과 같다고 하는 것은 무슨 까닭인지 물었더니, 사력은 36°는 잘못된 것이라고 말하였습니다(사력도 삼각함수로 푸는 법을 제대로 이해하지 못하고 있었던 것입니다).

유수석 : 삼각함수 값은 어떤 방법으로 얻은 것인가.

사력 : 삼각함수표로 그 값을 금방 알 수 있다. 일일이 계산하기는 어려워서 여기서는 대답할 수 없다.

홍정하 : 이치가 아무리 심오해도 배울 수 있다.

......

사력 : 그 방법을 글로 설명할 수 없으므로 가르치기가 힘들다.

홍정하 : 우리 두 사람의 수학 수준은 어느 정도인가.

사력 : 군들의 수준은 상당하다. 17~8개 문제 중 못 푼 것이 불과 두 셋 정도이다.

유수석 : 못 푼 문제는 노력하면 해결할 수 있는가.

(사력이 급히 자리를 떠나야 하기 때문에 답을 얻을 수 없었다)

홍정하 : 당신이 갖고 온 책 중에서 우리에게 줄 것이 없는가.

(사력은 자신이 쓴 『구고도설』을 보여 주었다. 거기에 다음과 같은 문제가 있었다)

직각삼각형의 넓이가 486척^2, 높이, 밑변, 빗변의 길이의 총합이 108척이라고 한다. 각 변의 길이는 얼마인가?

홍정하 : 각각 27척, 36척, 45척이다.

사력 : 그럼 높이, 밑변, 빗변의 길이를 합해서 96척이라면, 세 변의 길이는 각각 얼마인가.

홍정하 : 각각 24척, 36척, 45척이다.

사력 : 어떤 방법으로 풀었는가.

홍정하 : 세 변이 3 : 4 : 5의 비가 있다고 보고 풀었다.

사력 : 옳기는 하지만 직각삼각형의 세 변이 이 비를 이룬다는 사실을 이용하지 않고 문제를 푸는 방법을 생각해 보았는가. 직각삼각형에 관해서는 240가지나 다른 해법이 있다는 사실을 아는가.

홍정하 : 직각삼각형에 관해서는 400여 가지의 문제가 있다.

사력 : 다른 방법을 알고 싶다.

(홍정하와 유수석이 20여 문제와 그 답을 구하는 계산법을 알려주었더니 사력이 그것을 가지고 갔다)

사력 : 산학의 모든 해법 중에서 방정(方程)과 정부(正負)의 법이 가장 어려운데, 이것을 잘 이해할 수 있는가.

홍정하 : 방정의 풀이는 산학 중에서 별로 어려운 것은 아니다.

문답은 며칠 계속되었는데, 분명 조선의 승리였습니다. 또한 위의 대화를 잘 살펴보면 중국인은 이미 새로운 계산방법인 서양식의 삼각함수를 받아들이고 있는데, 한국은 중국인이 잊어버린 천원술을 지키고 있다는 것을 알 수 있습니다.

연대		한국	중국			서양
기원전	2500년 경		황허문명		하나라 우왕 낙서	
	2333년	고조선(단군조선) 시작				
	1600년		은			
	1100년 경					
	770년			서주		
	600년 경		동주		석가 탄생	
	580~500년 경			춘추시대		피타고라스 활동
	551년 경				공자 탄생	
	403년			전국시대		
	334년					알렉산더 대왕 동방 원정
	221년		진		진나라 시황제 중국 통일	
	202년					
	108년	고조선 멸망 한4군 설치(낙랑군 호함)	전한			
	91년	사마천 『사기』 저술				
기원후	25년		한			
	105년			후한	채륜 제지법 발명 반고가 전한의 역사서 『한서』 펴냄	
	166년	고구려 차대왕 죽음				
	220년			삼국시대	유휘 『구장산술』 해설서 펴냄 진수가 위나라 역사서 『위서』 30권 펴냄	
	263년					
	280년		위진남북조시대	진		
	313년	고구려 낙랑군 멸망시킴				
	316년			5호16국시대		
	317년				강남에 동진 성립	
	372년	고구려 불교 전래, 태학 설치		남북조시대		
	373년	고구려 율령 반포				
	384년	백제 불교 전래				

연대	한국	중국 (시대)	중국	서양
429~500년		위진남북조시대 / 남북조시대	조충지 『철술』	
439년			제나라 추연 음양 오행설 주장	
503년	신라 국호와 왕호 정함		송나라 범엽이 『후한서』 펴냄	
520년	신라 율령 반포			
527년	신라 불교 공인			
536년	신라 연호 사용			
545년	신라 국사 편찬			
589년		수		
618년				
647년	신라 첨성대 세움			
660년	백제 멸망			
668년	고구려 멸망	당		
676년	신라 당 몰아내고 삼국 통일			
682년	국학 설치			
788년	독서삼품과 설치			
907년				
918년	왕건 고려 건국	5대 10국 시대		
935년	신라 멸망			
958년	과거제 실시			
960년				
992년	국자감 설치	북송		
1103년			손목 『계림유사』	
1123년			서긍 『고려도경』	
1127년				
1202년		송		피보나치 『계산판의 책』
1206년			칭기즈칸 몽고 통일	
1236년	고려 『대장경』 새김(~1251)	남송		
1245년	『삼국사기』 편찬			
1247년			진구소가 수학책 『수서구장』 펴냄	
1271년				
1285년	일연의 『삼국유사』 편찬	원		
1294년 경	사개치부법			
1299년			주세걸 『산학계몽』	

연대	한국	중국		서양
1366년		원	『철경록』	
1368년				
1373년			안지제 『상명산법』	
	고려 말 『수시력첩법입성』			
1392년	고려 멸망, 조선 건국			
1418년	세종 왕이 됨(~1450)			
1432년	『양휘산법』 100권			
1433년	혼천의, 간의 완성			
1434년	앙부일구, 자격루 완성			
1437년	혼상, 규표, 천평일구, 현주일구, 일정성시의 완성	명		
1438년	옥루 완성			
1444년	『칠정산 내외편』 완성			
1446년	훈민정음 반포			
1455년	세조 왕이 됨(~1468)			
1458년	『경국대전』 완성			
1494년	연산군 왕이 됨(~1506)			
1514년				알브레히트 뒤러 〈멜랑콜리아〉
1592년	임진왜란(~1598)			
1593년			정대위 『산법통종』	
1627년	정묘호란			
1636년	병자호란			
	1600년대 중반 경선징 『묵사집』			
1653년	하멜 제주도 표착 『시헌력』 채택	청		
1678년			곱셈막대 주산	
1700년 경	최석정 『구수략』, 홍대용, 『담헌집』, 홍정하 『구일집』			
1789년				프랑스 대혁명
1842년	김대건 신부의 편지			
1850년	최한기 『습산진법』			
1867년	남병길 『산학정의』			

청소년을 위한

한국 수학사

펴낸날	초판 1쇄 2009년 4월 24일
	초판 11쇄 2019년 10월 22일

지은이	김용운 · 이소라
펴낸이	심만수
펴낸곳	(주)살림출판사
출판등록	1989년 11월 1일 제9-210호

주소	경기도 파주시 광인사길 30
전화	031-955-1350 팩스 031-624-1356
홈페이지	http://www.sallimbooks.com
이메일	book@sallimbooks.com

ISBN   978-89-522-1148-4   43410

살림Friends는 (주)살림출판사의 청소년 브랜드입니다.

※ 값은 뒤표지에 있습니다.
※ 잘못 만들어진 책은 구입하신 서점에서 바꾸어 드립니다.